U0886171

数字林草建设

董雅雯　丁　山　主　编

中南大學出版社
www.csupress.com.cn
·长　沙·

图书在版编目(CIP)数据

数字林草建设 / 董雅雯，丁山主编. —长沙：中南大学出版社，2023.11

ISBN 978-7-5487-5589-0

Ⅰ. ①数… Ⅱ. ①董… ②丁… Ⅲ. ①数字技术—应用—林业—生态环境建设—研究—中国②数字技术—应用—草原生态系统—生态环境建设—研究—中国 Ⅳ. ①S718.5-39②S812-39

中国国家版本馆 CIP 数据核字(2023)第 194458 号

数字林草建设

SHUZI LINCAO JIANSHE

董雅雯　丁山　主编

□**责任编辑**　陈应征

□**责任印制**　唐　曦

□**出版发行**　中南大学出版社

社址：长沙市麓山南路　　邮编：410083

发行科电话：0731-88876770　　传真：0731-88710482

□**印　　装**　长沙创峰印务有限公司

□**开　　本**　710 mm×1000 mm　1/16　□**印张** 16.5　□**字数** 284 千字

□**版　　次**　2023 年 11 月第 1 版　□**印次** 2023 年 11 月第 1 次印刷

□**书　　号**　ISBN 978-7-5487-5589-0

□**定　　价**　48.00 元

编 委 会

前言

在新形势下，林草事业不断被赋予新地位，需要肩负新使命、履行新职责，林草发展趋势必须紧跟时代步伐，创新管理方式和服务手段，实现与社会一体化管理服务体系的协同。数字林草建设以助力林草事业高质量发展为目标，以“统筹集约建设，应用轻量部署”为建设思路，运用数字化技术、数字化思维、数字化认知，制定标准、完善制度，打造涵盖林草业务、互联互通、协同一体、资源共享的数字林草系统，构建数字林草共建共享共用的数据资源体系和应用支撑体系，使其具备形成统一规划、集中部署、灵活开放的业务支撑能力和大数据支撑能力，提升数字林草建设的科学化和精细化水平，有效支撑林草整体智治，开创林草数字化改革新局面。

目 录

第 1 部分 数字林草建设

第 2 部分 数字林草平台建设

第 3 部分　数字林草应用系统建设

第 4 部分 空天地人林草感知体系建设

第 5 部分 数字林草支撑保障体系建设

第1部分

数字林草建设

第 1 章

数字林草建设总览

第 1 节　数字林草发展形势

1. 紧抓数字中国建设的新机遇

党的十八大以来，习近平总书记深刻把握新一轮科技革命和产业革命发展趋势和规律，就数字中国建设发表一系列重要讲话、作出一系列重要指示，为我们做好工作指明了前进方向、提供了根本遵循。在当今数字新时代，信息技术的应用已经逐步融合到各个领域中发挥能效，信息化已成为推动国家社会治理体系和治理能力现代化的重要抓手。网络强国战略、数字中国战略、国家大数据战略等战略的实施，为我国信息化事业的发展创造了良好的政策环境。《中华人民共和国国民经济和社会发展第十四个五年规划和 2035 年远景目标纲要》提出了。加强数字政府建设是创新政府治理理念和方式的重要举措，对加快转变政府职能，建设法治政府、廉洁政府、服务型政府意义重大。

2. 打造数字林草建设的新舞台

从“林业是国民经济的重要组成部分”“林业是生态建设的主体”到“森林和草原是重要的自然生态系统，对维护国家生态安全、推进生态文明建设具有基础性、战略性作用”“林草兴则生态兴，生态兴则文明兴”“四库论”，林草事业不断被赋予新地位，需要面对新形势、肩负新使命、履行新职责。国家林业和草原局(简称国家林草局)党组高度重视网络安全和信息化工作，2020 年 7 月，成立林草生态网络感知系统建设专班，统筹推进林草信息化建设。林草生态网络感知系统以“提升林草生态网络感知能力，完善生态系统保护成效数字化监测评估体系”为目标，推进感知平台的建设。2021 年 12 月，国家林草局发布了《“十四五”林业草原保护发展规划纲要》，明确提出加快林草大数据管理应用基础平台建设，形成林草资源“图、库、数”及智慧应用，建设一批信息化试点示范，这对做好林业信息化工作提出了更高的要求。

第 2 节　数字林草建设基本原则

1. 坚持统筹规划，协调推进

坚持数字林草“一盘棋”，坚持科学规划引领，强化对信息化项目的统筹安排和指导，分步实施，加强资源与系统的整合优化和协同共享，统筹部署数字林草业务，加强与相关部门合作，促进数字林草建设有序推进。

2. 坚持实用高效，稳步推进

强化大局意识，务求高效实用，科学确定规模，一次建设、多级使用，注重在使用先进技术进行系统建设的同时兼顾其实用性和易操作性，采用服务、组件的形式开展平台基础支撑建设，杜绝盲目开发，避免重复建设，严控资金使用。

3. 坚持创新驱动，适度超前

兼顾先进性、实用性，充分借鉴其他省(自治区、直辖市)的成功经验、技术、思路，把新技术融入林草管理、监管决策与政府服务，通过整合集成、规范化升级、业务流程优化再造，提升林草信息化应用质量和政务服务效率。

4. 坚持资源整合，数据共享

以互联网思维、大数据理念对各级林草信息资源进行整合、汇聚，实现数据在林草各业务领域之间以及与其他行业之间共享互通，确保数据跨部门、跨层级、跨区域无障碍流通，消除信息孤岛。

5. 坚持制度引领，信息安全

建立管理办法和标准规范，健全信息安全管理体系，严格执行平台分级管理和信息分级保护制度，坚持网络安全底线，贯彻总体国家安全观，增强安全自主可控意识，落实安全主体责任，提升信息安全防护能力。

第 3 节　数字林草建设总体框架

1. "四横三纵"业务框架

数字林草建设遵循"四横三纵"业务框架。"四横"业务体系：基础——一底座，构建有机统一的政务云体系、高速移动的互联体系、物联数通的感知体系，实现云、网、端的融合协同；数据——一本账，建设全方位、全覆盖的一体化数据资源库，汇集、整合全域林草资源、物联感知、云网互联等多维度数据资源；支撑——一平台，搭建"数据分析、智联融合、资源共享"的支撑平台，面向林草智慧应用，整合资源，提供共性服务；服务——N 应用，面向公众、企业、林草主管部门工作人员、各类护林员等用户提供智慧化的应用服务，提高林草工作效率，提升全民"爱绿""护绿"意识，架起"绿水青山"向"金山银山"转化桥梁。数字林草业务架构详见图 1-1。

图 1–1　数字林草业务架构

构建“统一标准规范、统一安全管理、统一运维管理”的“三纵”规范体系：构建标准规范体系、安全保障体系、运维管理体系，支撑林草资源管护、林草灾害防控、国土绿化保障、数字民生服务、政务运行管理五大应用领域，保障“数字林草”畅通、助力“数字省（自治区、直辖市）”建设，抢抓“数字机遇”、打造“林草样板”。

2.“两个多元化”技术架构

数字林草建设遵循“两个多元化”技术架构。技术路线多元化，即采用普适性强、成熟度高的技术手段，包括数据采集传输、虚拟化、分布式、数据管理、数据分析、数据服务等技术；引入针对性强、创新度高的前沿技术，包括云网融合、AI、模型拟合等技术，推进应用敏捷部署。技术应用多元化，即针对林草资源管护、林草灾害防控、国土绿化保障、数字民生服务、政务运行管理等五大应用领域，统筹集约，统一身份认证、统一权限管理、统一服务入口；通过标准化应用扩展，实现数字林草业务应用快速部署、迭代升级；通过数据可视化、智能决策等技术，实现统一决策、指挥、调度。以西藏为例，数字林草技术架构详见图 1-2。

图 1-2　数字林草技术架构

3."四个全面"数据架构

数字林草建设遵循"四个全面"数据架构。全面感知，即统筹林草各类物联感知数据，合理部署边缘计算单元，实现智能接入、物联数通。全面汇聚，即汇集、融合林草业务产出、部门协同等数据资源，整合形成林草大数据资源，实现各部门、各地(市)、各县(区)、各有关企事业单位数据互联互通、资源共享共用。全面分析，即建设统一的数字林草能力中枢，面向各类应用主体，提供数据、模型、工具、能力等的支撑服务，开展数据资产管理、数据运营、数据开放服务。全面融合，即建设数据驾驶舱，实时监测、感知；搭建数据融合可视化平台，实现多维协同、时空关联，辅助决策指挥。数字林草数据架构详见图 1-3。

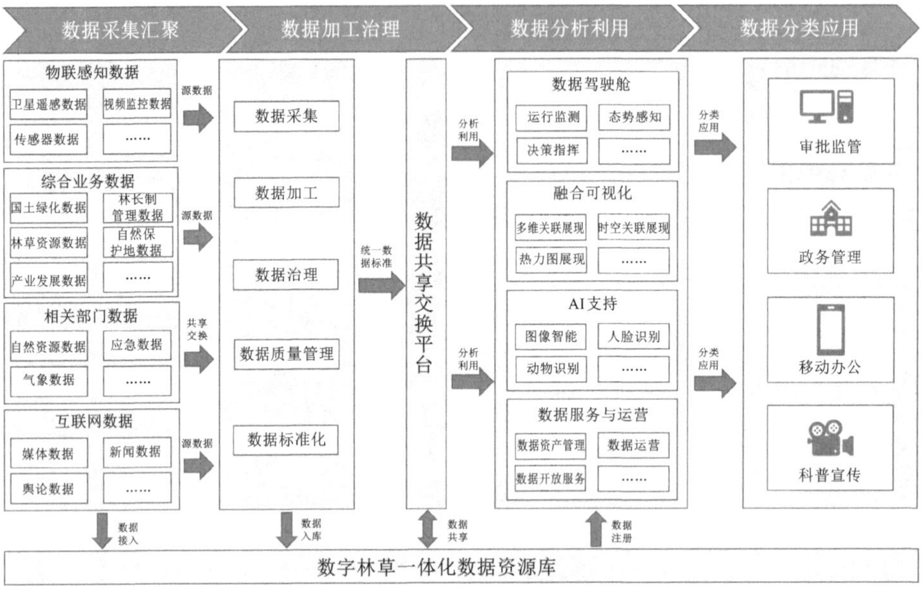

图 1-3　数字林草数据架构

4. “纵向到底、横向到边”关系架构

数字林草建设遵循“纵向到底、横向到边”关系架构。“纵向到底”，即由国家林草局牵头，编制数字林草建设规划，明确标准规范、整合应用系统、归集业务数据，实现全区数字林草建设一体化、集约化。向上对接国家林草局生态网络感知平台，向下统筹地（市）、县（区）林草信息化建设，实现国家、省（自治区、直辖市）、地（市）、县（区）林草业务一网通办。“横向到边”，即数字林草建设参照数字政府统筹集约建设的要求，依托政务云平台基础设施资源和数据共享交换能力，打通与自然资源管理部门、应急管理部门、气象局等部门业务接口，实现部门资源紧密衔接、系统共建共用。数字林草关系架构详见图1-4。

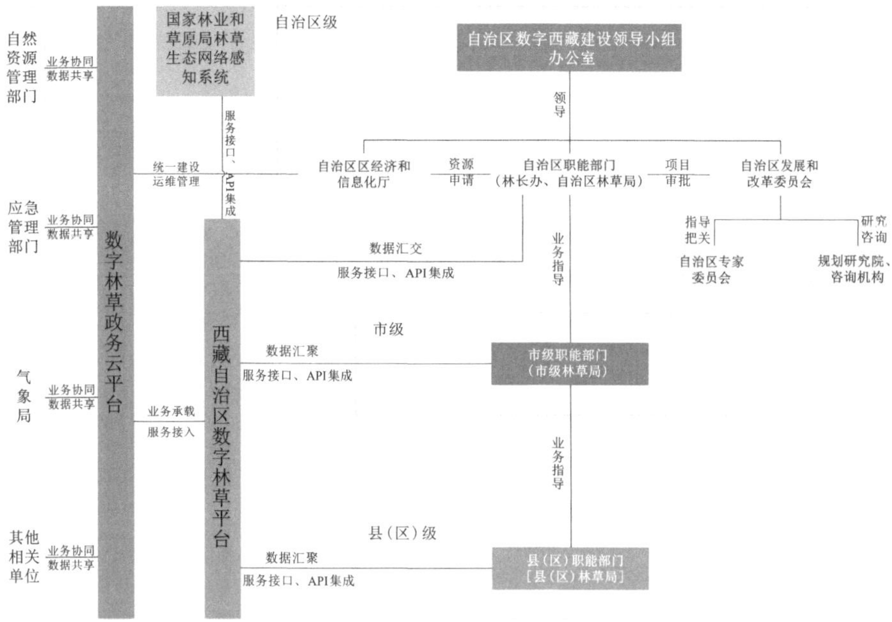

图 1-4　数字林草关系架构

第2部分

数字林草平台建设

第 2 章

数字林草平台建设总览

以“统筹集约建设，应用轻量部署”为建设思路，依托数字中国一体化基础支撑体系建设的成果，构建数字林草共建共享共用的数据资源体系和应用支撑体系，打造“一脑数智”的智能中枢，使其具备统一规划、集中部署、灵活开放的业务支撑能力和大数据支撑能力，提升数字林草建设的科学化和精细化水平。

第 1 节　数字林草平台建设主要任务

1. 加强数据资源归集治理

加强林草数据资源管理，推进林草数据汇聚共享和开放，在政务数据资源体系基础上，建立数字林草数据采集汇聚体系，扩展与国家、省（自治区、直辖市）、地（市）、县（区）林草管理部门数据汇聚能力，以及各级物联感知设备终端数据集成接入能力，全面采集、汇聚、治理林草数据资源，形成林草资源数据池。

2. 推动数据资源共享开放

按照“需求导向、任务管理、按需共享”的原则，实行数据使用部门提需求、数据归属部门做响应、数据共享管理部门保流转。全面对接数据共享交换平台，按照统一的数据共享与交换标准，建立林草数据资源从汇聚到共享应用的统筹调度机制，实现对数据共享、交换、开放流程中所有行为的统一管控。

3. 提升数据融合应用能力

以多业务应用需求为导向，开展跨业务、跨部门的数据融合与关联应用，推动数据治理与开发利用的有机结合，为数字林草运行管理提供高度融合的数据资源支撑。提升数据分析、数据研判、数据可视化能力，梳理数字林草应用对数据分析工具和算法模型的共享需求，打造一站式数据分析环境，形成规范、高效的数据应用开发模式。

4. 打造业务共性支撑平台

围绕推动数字林草各领域智慧应用互联互通、信息共享和业务协同，梳理共享业务需求，建设和完善业务共性支撑平台。充分依托数字中国一体化基础支撑体系建设的成果，调用其统一身份认证、统一电子证照、统一信息发布等标准化、统一化、共性化服务，提高各类系统共建共享水平。加强应用服务侧供给，基于数字林草五大领域业务，集成共性能力支撑、标准化应用扩展等能力，赋能前端业务系统，实现轻量化快速部署。

5. 强化人工智能技术供给

打造可扩展的 AI 计算能力平台，将 AI 计算能力分层解耦，实现上层应用能够根据业务需要调配算力资源。提供智能识别、智能分析、算法模型、人机交互等赋能服务，为数字林草建设提供人员人脸识别、动物个体识别、植物识别、森林防火违规行为自动监测等服务。

第 2 节　数字林草平台建设重点工程

数字林草平台建设主要包括数据资源目录梳理、数据归集平台建设、数据资源池建设、智慧决策平台建设、业务支撑平台建设、AI 能力支撑平台建设六大重点工程。

1. 数据资源目录梳理

立足各层级对林草数据资源的共享需求，依据国家林草局数据框架体系，按照数据类别、层次和关系进一步完善林草数据资源目录，形成林草数据资源共建、共享、共用的索引。各级林草管理部门可以在省(自治区、直辖市)林草数据资源目录体系下，建设专题目录，并保持与省(自治区、直辖市)级的对应关系，同时可以将省(自治区、直辖市)林草数据资源目录同步更新到国家级数据资源目录中。按照“谁生产、谁负责”的原则，横向上建立各业务、各行业协同的数据资源目录和数据更新维护机制，纵向上建立与国家及地(市)、县(区)协同联动的数据资源目录和数据更新维护机制，为林草资源信息的交换共享提供支撑。

2. 数据归集平台建设

建设林草数据归集平台，应采用分布式多协议适配采集，推动物联感知数据、基础数据、业务数据集中汇聚，为后续林草业务主题库构建、数据分析、数据可视化展示提供相关的数据服务接口。构建高效、灵活、容错高的数据采集平台，适配各类接口，有效对接数字政府数据开发平台，沉淀数字政府数据资产。

3. 数据资源池建设

以业务应用为导向，建设和完善林草公共基础数据库、林草资源基础库、资源管护主题库、灾害防控主题库、国土绿化主题库、民生服务主题库、政务管理主题库等，形成覆盖林草业务的数据资源中心，实现数据采集、数据加工、数据治理、数据质量管理、数据标准化、数据入库(基础库、主题库、专题库)全流程智能化运作。

4. 智慧决策平台建设

根据数字林草建设业务实际需求，依托数据模型和算法，提供数据驾驶舱、数据可视化、AI 支撑、数据服务与运营等内容，充分发挥数据在资源管护、灾害防控、国土绿化、民生服务、政务管理等方面的支撑作用，提升大数据决策分析能力和林草事业智慧化水平。

5. 业务支撑平台建设

业务支撑平台应充分整合数字林草业务共性能力组件，基于先进技术框架，打造灵活开放的服务架构。GIS 服务，建设了林草“一张图”，为上层应用提供统一的电子地图和地理信息服务。权限管理依托统一身份认证和单点登录，提供基于角色的访问控制，分配管理数据和应用的使用权限。智能表单可以根据业务场景快速配置表单，实现平台内各类业务系统表单快速灵活部署。流媒体服务为森林防火、野生动植物监控、公众宣教视频转播等业务提供高兼容性流媒体设备接入和转发服务。工作流引擎为各业务系统提供方便快捷的结构化工作流设计服务。消息服务为各系统提供基于短信、微信、系统内消息等多渠道的消息通知服务。

6. AI 能力支撑平台建设

提升数字林草 AI 能力，建立可持续、迭代升级的 AI 能力支撑中心，为各类型应用提供感知智能、决策智能、认知智能和行为智能等方面的人工智能共性服务，实现对视频、图像、语音等数据资源的有效融合、智能分析、按需调度，提高野生动植物保护和资源监管工作中的处理效率。

第 3 章

信息资源规划和数据库建设

第 1 节　信息资源规划

按照林草信息资源数据体系框架，基于统一的坐标系统，依据统一的数据标准和分类标准，在空间、时序、比例尺上对林草数据进行标准化整合、对接、去重、融合、分层。对同一个单位的数据，统一处理；对不同单位的数据，根据统一标准分别处理；对不同单位的同一类数据，加强协调、统一处理、同步分发更新。将各类数据纳入林草信息资源数据目录，建立集中式数据存储机制，通过林草基础信息服务平台统一管理，叠加林草资源调查监测成果、业务管理等数据，形成林草资源四维时空"一张图"，统一对外服务。林草资源四维时空"一张图"将"横向到边、纵向到底"的各类数据汇聚到一起，形成林草资源"电子地图"，不同比例尺任意放大，不同区域无缝漫游，不同时间随意切换，不同类别灵活叠加，做到林草资源数据空间"一览无余"。其数据库总体框架如下。

1. 公共基础数据库

积极与自然资源、统计、气象、测绘等部门对接，及时掌握全域地理信息、社会资源、自然资源、气象信息、测绘信息等相关数据情况，实时采集、更新与林草资源管理与应用有关的数据信息，形成省（自治区、直辖市）公共基础数据库。

2. 林草资源基础库

按照数字林草平台林草资源数据库统一存储管理架构，新建林草资源基础数据库，完成组织机构数据、人员数据、视频监控数据、生态监测数据、无人机设备数据、无人机监测数据等数据库表结构的创建、数据字典配置、外部数据入库、业务字段配置等操作，形成林草资源基础数据库。

3. 资源管护主题库

按照数字林草平台林草资源数据库统一存储管理架构，新建林草资源管护主题数据库，森林资源数据、草原资源数据、湿地资源数据、荒漠化数据、生物多样性数据等数据库表结构的创建、数据字典配置、外部数据入库、业务字段配置等操作，形成林草资源管护主题数据库。

4. 灾害防控主题库

按照数字林草平台林草资源数据库统一存储管理架构，新建灾害防控数据库，完成林草有害生物防治监测数据、疫源疫病监测数据、巡护数据等数据库表结构的创建、数据字典配置、外部数据入库、业务字段配置等操作，形成灾害防控数据库。

5. 国土绿化主题库

按照数字林草平台林草资源数据库统一存储管理架构，新建国土绿化数据库，完成生态修复数据、古树名木数据、自然保护地数据、生态公益林数据和天然林数据等数据库表结构的创建、数据字典配置、外部数据入库、业务字段配置等操作，形成国土绿化数据库。

6. 民生服务主题库

按照数字林草平台林草资源数据库统一存储管理架构，新建民生服务数据库，完成林草产业数据、产业动态数据等数据库表结构的创建、数据字典配置、外部数据入库、业务字段配置等操作，以及实现林木种苗交易数据集成接入，形成民生服务数据库。

7. 政务管理主题库

按照数字林草平台林草资源数据库统一存储管理架构，新建政务管理数据库，完成综合办公数据、林长制管理数据、决策指挥数据、公众服务数据等数据库表结构的创建、数据字典配置、外部数据入库、业务字段配置等操作，形成政务管理数据库。

第 2 节　林草资源目录建设

全面梳理森林、草原、湿地、荒漠化、野生动植物以及相关业务和管理的数据资源，按照统一标准、空间参考和分类体系，建立内容完整、标准权威、动态更新的林草资源数据体系，并按照现状数据、规划数据、管理信息、社会经济数据进行组织，通过林草资源“一张图”统一管理，统一支撑林草资源管理与林草业务应用工作。

根据林草资源数据体系，进行林草信息资源规划，按照数据类别、层次和关系，建立林草资源数据目录，形成数据共建、共享、共用的索引。各级林草主管部门按照统一目录体系，在相应分类层次下补充扩展其他数据目录，并更新到省(自治区、直辖市)级数据资源目录。各级林草主管部门在统一目录体系下，可建设不同专题数据目录，并保持对应关系。

按照“谁生产、谁负责”的原则，横向建立各业务、各行业协同的数据资源目录和数据更新维护机制，纵向建立省(自治区、直辖市)、地(市)、县(区)三级协同联动的数据资源目录和数据更新维护机制。林草资源目录主要内容表详见 3-1。

表 3-1　林草资源目录

编号	数据库	数据分类	数据内容	数据类型
1	公共基础地理信息数据库	基础地理数据	水系、道路、基础设施、小地名等	矢量
2		行政区划数据	省(自治区、直辖市)、市、县、乡、村界线等	矢量

续表3-1

编号	数据库	数据分类	数据内容	数据类型
3	影像数据库	卫星遥感影像数据	高分一号、高分二号、资源三号等	栅格
4		无人机影像数据	无人机影像数据	栅格
5	林草基础数据库	视频监控数据	防火视频监控、安防视频监控、交通卡口视频监控、野生动植物视频监控	多媒体
6		生态监测数据	监测设备数据、监测信息数据	矢量、属性
7		无人机监测数据	无人机测图数据、航迹数据等	矢量、属性
8	资源管护数据库	森林资源数据	林地“一张图”、森林资源调查数据、森林资源连续清查数据、森林资源动态监测数据、变化图斑数据等	矢量、属性
9		草原资源数据	草原普查数据、草原动态监测数据、变化图斑数据等	矢量、属性
10		湿地资源数据	湿地普查数据、重点湿地数据、湿地动态监测数据等	矢量、属性
11		荒漠化资源数据	沙化资源数据、荒漠化资源数据、变化图斑数据等	矢量、属性
12		生物多样性数据	野生动物数据、野生植物数据	矢量、属性
13	灾害防控数据库	林草有害生物防治监测数据	有害生物普查数据、有害生物防治数据等	矢量、属性
14		疫源疫病监测数据	疫源疫病监测数据	矢量、属性
15		巡护数据	巡护人员数据、巡护轨迹数据、巡护事件数据	矢量、属性

续表3-1

编号	数据库	数据分类	数据内容	数据类型
16	国土绿化数据库	生态修复数据	营造林数据、森林抚育数据、退化林修复数据	矢量、属性
17		古树名木数据	古树名木分布数据、古树群分布数据	矢量、属性
18		自然保护地数据	国家公园数据、自然保护区数据、风景名胜区数据、地质公园数据、森林公园数据、海洋公园数据、湿地公园数据、沙漠公园数据、草原公园数据、冰川公园数据、草原风景区数据、水产种质资源保护区数据、野生植物原生境保护区(点)数据、自然保护小区数据、野生动物重要栖息地数据、水利风景区数据、饮用水水源保护区数据、自然遗产地数据、自然文化双遗产地数据和其他保护地数据	矢量、属性
19		生态公益林数据	生态公益林区划落界数据及管护数据等	矢量、属性
20		天然林数据	天然林落界数据及管护数据等	矢量、属性
21	民生服务数据库	林草产业数据	林下经济数据、经济林数据、花卉苗木数据、森林旅游数据	矢量、属性
22	政务管理数据库	综合办公数据	公文数据、档案资料数据	属性
23		林长制管理数据	网格数据、林长责任数据、林长数据等	矢量、属性

第 3 节　数据库设计

1. 数据库规划

林业信息资源综合数据库建设主要是整合各部门和单位的林业信息资源，在统一空间参考、统一数据编码、统一数据分类、分层组织的情况下，进行"集中式"管理，将分散在各个专业部门的林业信息资源进行整合，形成具有社会化服务能力的林业空间信息资源，为社会的发展提供服务、发挥效益。在"集中式"管理的原则下，按照标准库建设和共享库建设的思路进行共享服务平台数据库建设。

①对省(自治区、直辖市)林业信息资源业务数据进行统一梳理规划，构建覆盖各个业务的"一张图"核心数据库，全面支撑数据综合应用和辅助决策支持应用，为林业信息资源管理提供实时、准确的数据。

②以较低的代价实现跨部门、跨业务的数据共享，消除"信息孤岛"，以提高服务和决策效率。

通过以上的分析，核心数据库主要是为了满足各级林草系统、各林草业务部门及其他政府部门、公众对信息共享需要而建设的，具体的"一张图"核心数据库又分为标准库和主题共享库。

标准库主要是为了满足各类业务应用管理需要建设的。按照林业信息化顶层设计中林业业务应用多样性标准划分，并建设标准库内容，主要包括公共基础数据库、林业基础数据库、林业专题数据库、林业综合数据库。标准库的建设主要是在各个业务数据库基础上，进行内容提取与分层细化、模型对象化重构、符号化表现、安全保密处理等。标准库支撑林业各类业务应用，譬如资源监管、生态工程、公众服务等。由这些业务应用产生的成果数据存储在业务数据库中，按照一定的原则更新入核心数据库，确保数据库的有效性和现实性。主题共享库主要是为了满足各级林草系统、各林草业务部门及其他政府部门、公众对信息共享的需要而建设的。其在建设内容上与标准库建设的内容一致，通过主题共享库达到各个林草业务间协同。

2. 主题数据库设计

主题数据库的建设目标是满足各级林草部门及其他政府部门、公众的需要，为相关林草业务提供基础的林草信息资源支撑数据。经过内容提取与分层细化、模型对象化重构、符号化表现、安全保密处理等，制作以面向地理实体、分层细化为重要特征的共享林草地理信息数据。

主题数据库的构建与维护由信息中心统一负责。其建设内容应结合已有的数据内容，主要包括公共基础数据和林草资源基础数据。

公共基础数据主要包括基础地理信息、社会资源、自然资源、气象信息、测绘信息等相关数据情况。

林草资源基础数据主要包括组织机构数据、人员数据、视频监控数据、生态监测数据、无人机设备数据、无人机监测数据等数据。

3. 专题数据库设计

（1）资源管护数据库

资源管护数据库内容主要包括森林资源数据、草原资源数据、湿地资源数据、荒漠化数据、生物多样性数据等专题数据。

（2）灾害防控数据库

灾害防控数据库内容主要包括林草有害生物防治监测数据、疫源疫病监测数据、巡护数据等数据。

（3）国土绿化数据库

国土绿化数据库内容主要包括生态修复数据、古树名木数据、自然保护地数据、生态公益林数据和天然林数据等数据。

（4）民生服务数据库

民生服务数据库内容主要包括林草产业数据、产业动态数据等数据。

（5）政务管理数据库

政务管理数据库内容主要包括综合办公数据、林长制管理数据、决策指挥数据、公众服务数据等数据。

第 4 节　林草资源数据整合建库

林草资源数据库整合建库工作基于所收集的源数据开展，主要包括数据准备、数据整合、数据入库、配图与切片四个阶段。林草资源数据库整合建库主要是针对公共基础数据、林草资源数据、林草业务数据和综合管理数据等历史数据进行收集、整理以及整合处理。其具体技术路线见图 3-1。

1. 数据准备

(1)数据收集

根据林草资源数据库建设任务，结合数据现状，收集各业务单位、部门的林草资源各类数据，包含影像数据、矢量数据、文档数据、表单数据、图件数据等。

(2)数据梳理与检查

基于收集的各类数据，梳理数据资源的基本情况，进一步深入摸清待整合数据的来源、类型、格式、坐标系统、内容、存储管理方式、质量及更新方式等，并按照数据库建设要求利用专业质检软件，制定检查规则，对数据进行完整性、一致性、规范性检查。其中，完整性检查包括空间数据、非空间数据、元数据的完整性检查，一致性检查包括数据格式、数学基础、可选要素图层内容及图层个数、属性内容表达的一致性检查，规范性检查包括数据符号、图件表达形式的规范性检查。检查结果形成相应检查文档，能及时反馈问题，便于补充完善，提高数据科学性、实用性。

(3)制定数据整合方案

基于数据梳理与检查成果，结合林草信息化综合应用平台标准规范，制定数据整合方案，明确每类待整合数据的整合目标、内容、要求和方法等。

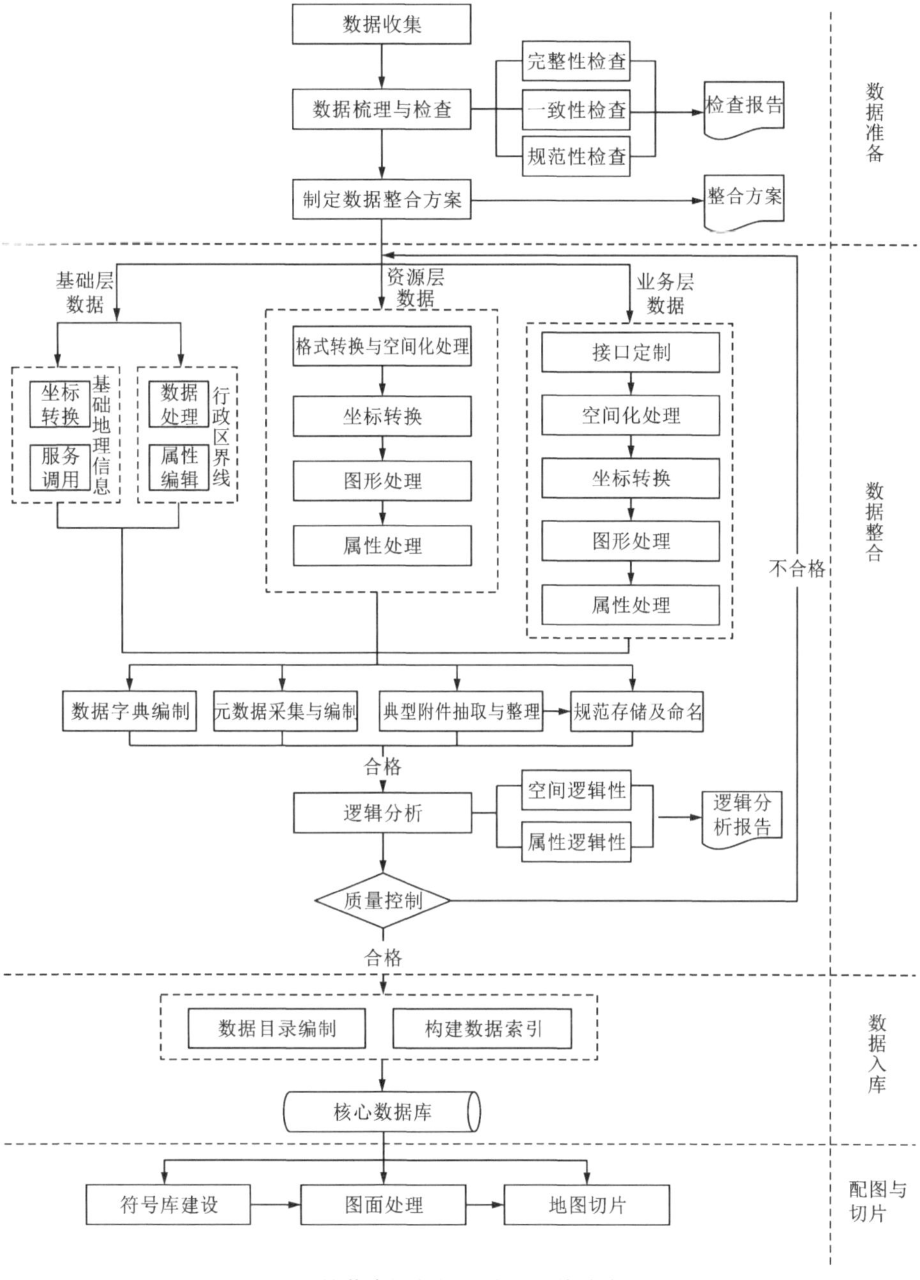

图 3-1　林草资源数据库建设具体技术路线图

2. 数据整合

(1)基础层数据整合

基础层数据的主要来源于国家森林资源智慧管理平台、国土测绘部门及气象部门的数据。基础层数据整合，一方面可采用 Web Service 方式或数据调用接口的方式，接入林草资源数据库统一组织管理，另一方面可以将已有的公共基础数据、遥感影像数据按照标准化处理流程，纳入林草资源数据库进行统一存储管理。

(2)资源层数据整合

采用 ETL 方式或数据接口调用的方式，剥离基础数据，抽取业务数据，再按照林草资源数据库要素编码和分类标准进行整合。

(3)业务层数据整合

按照林草资源数据建库技术规范，抽取相应的属性数据，依据林草资源数据库要素编码和分类标准，进行属性的编码、转换，构建空间拓扑。对图形数据进行完整性、空间落位和拓扑关系检查，对属性数据进行整合、挂接，最终形成业务层历史数据。针对业务层数据具有实时更新的特点，通过接口调用的方式，为林草资源数据库提供数据，使业务层的数据可实时“沉淀”在资源层进行浏览和分析。

3. 数据入库

根据林草资源数据库标准与数据整合实际情况，编制数据目录、构建数据索引，以便于数据分发、服务、应用与管理。

(1)数据存储

按照数据库统一存储管理构架，完成数据存储工作。

(2)数据入库

抽取得到的数据，经过清洗转化，根据数据库结构与数据组织方式对符合质量要求的数据进行整合，对整合后的成果数据分别采用批量、并行等方式入库。

4. 配图与切片

(1)符号库建设

符号库囊括数据库中空间图形数据的显示符号，每个符号有唯一代码，配备对照表，可以与数据灵活配置显示。

(2)图面处理

根据专题图标准规范，并结合省(自治区、直辖市)数据情况及应用需求，对各类数据进行符号化处理、图层配置、比例尺要素选取等图面处理，向用户提供色彩协调、符号形象、画面美观的电子地图。

(3)地图切片

为了提升地图浏览速度，保障数据应用的加载速度，根据基础数据库标准，采用瓦片技术，对数据量大且更新周期较长的数据进行切片。

第 5 节　信息资源共享交换设计

为气象信息、自然灾害信息、卫星遥感影像等外部多源数据预留接入接口，实现生态资源数据实时汇集、共享、交换，为生态资源指挥决策提供全面的数据支撑，实现多源数据共享与综合利用。为应急管理、自然资源、环保、水利等部门提供数据接口，可以为应急管理、自然资源、环保、水利等部门提供林草资源数据。

提供数据服务接口，能够与省(自治区、直辖市)统一云基础平台进行数据共享与交换。

可以进行共享与交换的政务信息资源目录详见表 3-1。

表 3-2　政务信息资源共享目录

基本信息		信息项				其他信息		
办理该事项产生的结果名称	是否属于电子证照	信息项名称	数据类型	共享类型	来源系统	提供渠道	所属领域	更新周期
人工造林数据	否	任务图斑编号、造林图斑编号、图斑面积(亩)、图斑类型、面积(亩)、折算面积(亩)、造林前地类、造林方式、上图人姓名、任务年度、单位	字符型、数值型、整型	有条件共享	生态修复管理系统	互联网	林草行业	每年
飞播造林数据	否	任务图斑编号、造林图斑编号、图斑面积(亩)、图斑类型、面积(亩)、折算面积(亩)、造林前地类、造林方式、上图人姓名、任务年度、单位	字符型、数值型、整型	有条件共享	生态修复管理系统	互联网	林草行业	每年
封山育林数据	否	任务图斑编号、造林图斑编号、图斑面积(亩)、图斑类型、面积(亩)、折算面积(亩)、造林前地类、造林方式、上图人姓名、任务年度、单位	字符型、数值型、整型	有条件共享	生态修复管理系统	互联网	林草行业	每年

续表3-2

基本信息		信息项				其他信息		
办理该事项产生的结果名称	是否属于电子证照	信息项名称	数据类型	共享类型	来源系统	提供渠道	所属领域	更新周期
变化图斑数据	否	变化图斑编号、变化图斑面积、变化年度、变更依据、变化原因 1(判读)、变化原因 2(验证)、省(自治区、直辖市)、县、乡、村、林业局(场)、林场(分场)、林班、图斑(小班)、地类、植被覆盖类型、优势树种(组)、起源、龄组、郁闭度/覆盖度、平均胸径、平均树高、每公顷株数、每公顷蓄积、蓄积量、生物量、碳储量、土地所有权属、森林类别、林种、国家公益林保护等级、事权等级、是否天保区公益林、林地保护等级、前期地类、前期植被覆盖类型、前期优势树种(组)、前期起源、前期龄组、前期郁闭度/覆盖度、前期平均胸径、前期平均树高	字符型、数值型、整型	有条件共享	森林资源动态监测管理系统	互联网	林草行业	每年
森林督查数据	否	判读图斑面积、判读变化原因、核实细斑号、森林资源变化库图斑(小班号)、林地管理单位、核实变化原因、变化时段、项目名称(伐区名称)、项目用途、审核(批)文号、审核(批)年度、审核(批)面积、实际使用林地面积、实际使用林地面积中自然保护地面积、自然保护地名称、自然保护地级别及类型、前期森林资源管理“一张图”地类、认定前地类、国土“三调”中林地面积	字符型、数值型、整型	有条件共享	森林资源动态监测管理系统	互联网	林草行业	每年

续表3-2

基本信息		信息项				其他信息		
办理该事项产生的结果名称	是否属于电子证照	信息项名称	数据类型	共享类型	来源系统	提供渠道	所属领域	更新周期
自然保护地边界数据	否	自然保护地名称、自然保护地编号、图斑面积	字符型、数值型、整型	有条件共享	自然保护地监管与服务系统	互联网	林草行业	每年
基础信息数据	否	自然保护地、自然保护地级别、自然保护地类型、地理坐标、隶属行政主管部门、行政区域、主要保护对象、总面积、批建时间、批建文号、晋升省级时间、晋升省级文号、晋升国家级时间、晋升国家级文号、调整文号、	字符型、数值型、整型	有条件共享	自然保护地监管与服务系统	互联网	林草行业	每年
资源监测数据	否	物种学名、物种中文名、物种拉丁名、物种英文名、物种别名、物种分布海拔范围、物种分布地理坐标、物种保护等级、物种现存数量、物种总分布面积、物种濒危等级、物种生境类型、监测分类代码、	字符型、数值型、整型	有条件共享	自然保护地监管与服务系统	互联网	林草行业	按需

续表3-2

基本信息		信息项				其他信息		
办理该事项产生的结果名称	是否属于电子证照	信息项名称	数据类型	共享类型	来源系统	提供渠道	所属领域	更新周期
野生动植物名录数据	否	纲、目、科、中文名、拉丁名、物种编码、保护等级、调查类别、分布、体貌特征、照片、习性、生境、拼音、拼音简写、级次	字符型、数值型、整型	有条件共享	野生动植物资源监测管理系统	互联网	林草行业	每年
红外相机数据	否	设备 ID、视频 ID、拍照时间、分类结果、视频类型、夜间模式、人工分类类别、错误视频	字符型、数值型、整型	有条件共享	野生动植物资源监测管理系统	互联网	林草行业	每年
林长信息	否	网格名称、姓名、建档单位、林长级别、职务、联系方式、履职时间	字符型、数值型、整型	有条件共享	林长制智慧管理系统	互联网	林草行业	按需
护林员信息	否	网格 ID、网格名称、网格级别、序号、林长网格、护林员数量、上线率	字符型、数值型、整型	有条件共享	林长制智慧管理系统	互联网	林草行业	按需

续表3-2

基本信息		信息项				其他信息		
办理该事项产生的结果名称	是否属于电子证照	信息项名称	数据类型	共享类型	来源系统	提供渠道	所属领域	更新周期
考核评价信息	否	自评得分、考评得分	数值型	有条件共享	林长制智慧管理系统	互联网	林草行业	按需

第 6 节　数据汇聚、接入与同步机制设计

根据统一的数据标准规范和数据体系框架，不断完善数据汇聚、接入与同步机制设计。调查监测类数据根据工作开展通过逐级汇交方式实现数据汇聚；林草资源业务数据通过在线业务协同等方式实现数据汇聚；资源保护、防灾减灾、环境监控等数据通过接入物联网监控设备接口等方式实现数据实时接入汇聚；其他行业数据通过交换、协议、共享等方式实现数据汇聚；互联网类等数据通过线上接口、下载等方式实现数据汇聚。将上述数据通过离线汇交、在线调用、服务接入多种方式实现共用，保障数据同步与更新。

同时，不断完善相关制度保障，不断完善分布式技术与面向服务技术，建立“分兵把守、各自建设、统一服务”的数据建设、管理与应用机制，从标准规范上保障数据的集成性和整合性，从源头上保障数据的真实性和准确性，从汇聚途径上保障数据的时效性和全面性，全面提升数据汇聚效率与质量。

第 7 节　国家森林资源智慧管理平台前端服务部署与接入

平台接入国家森林资源智慧管理平台前端服务，可以共享全国森林资源管理"一张图"前端数据及相关智慧管理平台应用服务。国家森林资源"一张图"前端数据服务是国家林草局根据森林资源数据更新情况，实时推送最新数据到前端服务器的一种共享服务方式。平台通过互联网(VPN)接入其中，可以获取省(自治区、直辖市)级范围的森林资源"一张图"数据、调查范围界数据、实时影像数据、历史影像数据等。

第 4 章

林草资源基础信息服务平台建设

第 1 节　林草生态感知门户系统

林草生态感知门户系统提供了一站式信息和应用的访问门户，实现了对各业务处室、局直单位、县(区)林草部门的组织机构、用户、权限的一体化管理，实现了全域各类信息和应用的集成，为各级林草用户提供信息和应用服务。其主要功能模块包括单点登录、政策法规、新闻中心、通知公告、技术规程、帮助中心、常见问题解答和移动 App 门户。详见图 4-1。

1. 单点登录

单点登录主要是指在进入省(自治区、直辖市)林草信息化综合应用平台前，首先需要进行用户登录，输入用户名及密码。登录方式为集成、统一的单点登录模式。用户登录即可实现系统登录及权限验证，根据登录用户及权限，进行系统、数据和功能控制。用户通过统一的单点登录入口进入系统，根据自身权限的不同，登录主界面会显示该用户权限下相应的系统、数据和功能。

(1)用户登录

用户提供统一的林草资源系统登录功能，输入用户名、密码等用户数据信息实现单点登录验证。用户数据主要包括各级用户名信息、用户密码信息。用户只需要登录一次，即可根据权限访问相应的应用系统，不需要重复登录。

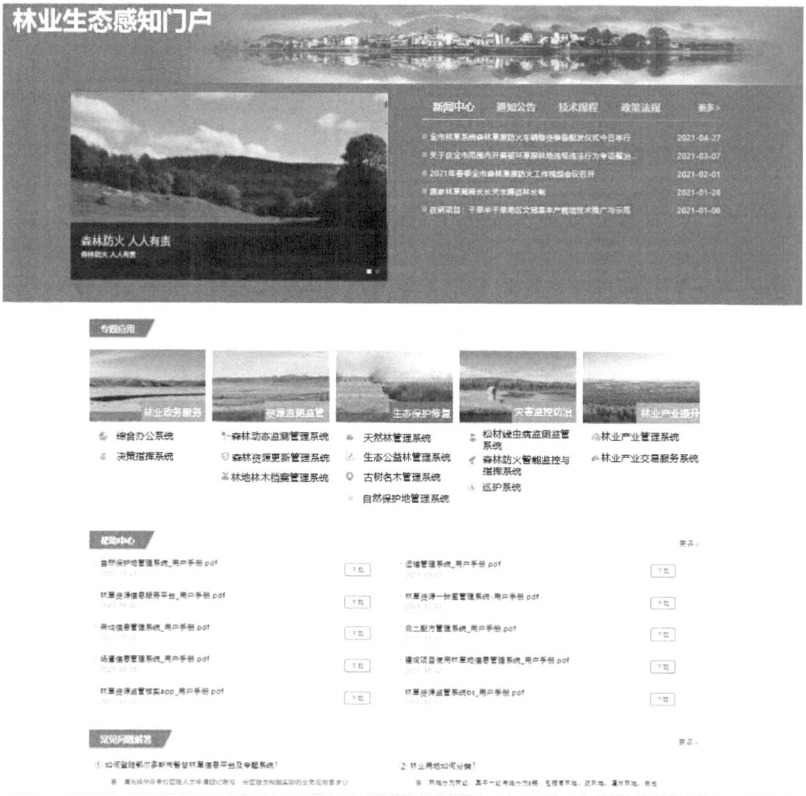

图 4-1　林草生态感知门户系统

(2)权限验证

权限验证，即根据运维系统用户具备应用系统权限信息、功能权限信息和数据权限信息，进行系统权限验证、功能权限验证和数据权限验证，验证用户是否具备访问相关系统和功能的权限，并将相关应用系统信息和业务功能信息在门户系统中进行汇聚展示。应用系统展示，将所具备的应用系统权限都展示在门户系统中，进入门户系统之后，就可以直接访问各个业务系统。

(3)密码修改

用户可以进行密码信息的修改，系统支持密码修改和密码保存。

2. 政策法规

政策法规模块主要用于展示与林草相关的规章制度、政策法规等信息，包括林草产业相关的政策法规信息等，方便用户及时了解和掌握最新的政策动态。利用林草生态感知门户系统可以实现国家、省(自治区、直辖市)林草相关政策法规信息的发布、新增、删除、修改、审核、浏览、下载等。

3. 新闻中心

新闻中心模块主要用于展示当前最新的新闻动态信息，包括省(自治区、直辖市)林草相关的最新动态信息，方便用户及时了解和掌握最新的新闻动态。利用林草生态感知门户系统可以实现各级林草管理部门新闻动态信息的发布、新增、删除、修改、审核、浏览、下载等。

4. 通知公告

通知公告模块主要用于展示日常业务开展过程中主管部门根据业务需要发布的通知公告信息(包括会议通知、集会通知等)，方便业务人员及时获取最新的通知公告信息。利用林草生态感知门户系统可以实现各级林草管理部门通知公告信息的发布、新增、删除、修改、审核、浏览、下载等。

5. 技术规程

技术规程模块主要用于展示日常业务开展过程中主管部门根据业务需要发布的技术规程信息，方便业务人员及时获取国家、省(自治区、直辖市)发布的最新的技术规程信息。利用林草生态感知门户系统可以实现国家、省(自治区、直辖市)林草相关技术规程信息的发布、新增、删除、修改、审核、浏览、下载等。

6. 帮助中心

帮助中心模块主要用于展示日常业务开展过程中业务管理部门根据业务需要发布的业务系统的使用帮助信息，方便业务人员及时获取各个业务系统的使用手册等帮助信息。利用林草生态感知门户系统可以实现各级林草管理部门使用帮助信息的发布、新增、删除、修改、审核、浏览、下载等。

7. 常见问题解答

常见问题解答模块主要用于展示日常业务开展过程中常见的技术问题汇总。业务管理部门根据业务需要发布常见问题信息，方便业务人员及时获取常见问题清单并及时解决各类问题。

8. 移动 App 门户

整合移动应用，形成移动应用门户，实现对移动门户信息、移动分栏信息、移动应用整合信息、移动待办信息、移动 App 维护的管理，方便对移动应用的访问，便于用户下载移动 App。

第 2 节　运维管理系统

运维管理系统对一体化系统运维状态进行配置管理，保证系统正常运行。运维管理主要是从应用角度出发，提供各类应用集中的运维管理，实现对全域各个业务处室、有关林草部门的组织机构、用户、权限、日志的一体化管理。其主要包括组织机构管理、用户管理、权限管理、统计分析和日志管理等功能，详见图 4-2。

图 4-2　运维管理系统

1. 组织机构管理

组织机构管理用于管理组织机构信息，可以实现部门的编辑、删除、Excel文件导入、添加、赋权、查看等。

（1）政区管理

政区管理信息主要包括政区列表信息、政区名称信息、政区代码信息、政区简称信息、描述信息以及政区备注信息等。政区管理可实现政区信息的添加、删除、修改、查询、详情查看，支持外部 Excel 格式的政区信息导入。

（2）机构管理

机构管理信息主要包括机构名称信息、机构代码信息、机构简称信息、机构地址信息、机构联系方式信息、机构描述信息、机构列表信息、机构备注信息等。机构管理可实现各级政区林业机构的添加、删除、修改、查询、详情查看，支持外部 Excel 格式的机构信息导入。

（3）部门管理

部门机构信息主要包括部门名称信息、所属机构信息、负责人信息、联系方式信息、部门描述信息、部门备注信息、部门列表信息等。部门管理可实现部门管理信息的添加、删除、修改、查询、详情查看，支持外部 Excel 格式的部门信息导入。

（4）组织机构树管理

组织机构树管理可实现对组织机构树的组织与管理，方便进行组织机构的展示、查询及功能操作。

2. 用户管理

用户管理信息主要包括用户名称、用户账号及用户密码等。用户管理可以实现用户管理信息的添加、删除、修改及查询等，支持外部 Excel 格式的用户信息导入，支持批量授权和批量删除。

3. 权限管理

权限管理主要包括对系统权限、功能权限、数据权限及范围权限等的统一管理，可以实现角色信息的新增、修改、删除、查询和对角色进行权限设置等。

4. 应用管理

应用管理可以实现林草资源业务应用的注册、集成和管理，形成应用的集成，方便各级用户管理部门直接对应用进行访问。

①应用系统集成。应用系统集成可以实现林草资源应用系统的注册、审核及删除。

②应用功能注册。应用功能信息包括功能名称信息、功能标识信息及功能描述信息等。应用功能注册可以实现应用系统功能的注册、编辑及删除等。

5. 日志管理

日志管理用于管理运维系统中记录的所有日志，包括登录日志、服务访问日志、功能日志、系统异常日志。

①查询日志。当前日志查询，即对运行日志库的查询。历史日志查询，即对历史日志信息进行查询。它和当前日志查询和展示方式是一致的，只是数据库不同。

②日志收割。可以设定周期，定期对日志内容进行备份，定期从日志运行库中清除日志和保存日志，同时将日志写入历史日志库作为日志工具的配置文件存在。

③日志备份。日志备份包括对日志内容随时进行日志备份和展示，针对备份的历史日志提供日志查看。

6. 统计分析

统计分析信息包括访问量统计信息、运维统计信息及日志统计信息等。统计分析对了解平台的使用情况具有重要意义。

第 3 节　视频监控集成管理系统

视频监控集成管理系统采用 B/S 架构设计，实现对省(自治区、直辖市)林草相关视频监控设备的集成管理，为省(自治区、直辖市)林草用户提供视频监控数据，并可以实时进行调用和查看。其主要功能模块包括电子地图、监控窗口管理、防火视频监控、卡口视频监控、安防监控、野生动植物保护监控和监控站点管理等，详见图 4-3。

图 4-3　视频监控集成管理系统

1. 电子地图

能够集成接入森林资源基础数据、草原资源基础数据、自然保护地基础数据、森林防火基础设施数据等。实现地图基本操作功能——全区各个监控点能够和电子地图进行交互。并支持随时查看安防巡护监控、交通卡口监控、防火监控等地理分布情况以及巡航监控状态。

(1) 数据浏览、查询

实现对各类数据的浏览查看和查询，包括获取森林资源数据、草原资源数据、自然保护地数据[国家公园数据、自然保护区数据、风景名胜区数据、地质公园数据、森林公园数据、海洋公园数据、湿地公园数据、沙漠公园数据、草原公园数据、冰川公园数据、草原风景区数据、水产种质资源保护区数据、野生植物原生境保护区(点)数据、自然保护小区数据、野生动物重要栖息地数据、水利风景区数据、饮用水水源保护区数据、自然遗产地数据、自然文化双遗产地数据和其他保护地数据]及森林防火基础设施数据(居民点数据、扑火队伍数据、防火物资库数据、防火检查站数据、瞭望塔台数据)等。实现各类资源基础数据、地图数据的放大、缩小、漫游、全图、前一视图、后一视图的地图浏览查看。同时实现鼠标滚轮滑动缩放控制、地图比例尺控制、默认地图控制、经纬度显示控制等。

(2)坐标定位

提供坐标定位(地理坐标定位、平面坐标定位)功能，通过输入坐标参数并选择坐标类型来实现定位。

(3)书签定位

提供书签定位功能，将用户需要标记的地理位置范围保存为书签，然后通过书签快速定位到该区域。

(4)政区定位

可以根据选择的行政区逐级定位。根据用户选择的政区，地图主窗口地图自动跳转到目标政区，同时可以显示当前政区的下级政区，并逐级定位。

2. 监控窗口管理

实现对自定义监控预览窗口的视频监控浏览，可以设置并显示主摄像区。视频预览区有两种可视模式，分别为 M1 和 M2。M1 模式为平均查看，每个窗口大小相同。M2 模式则有一个主窗口，其余窗口为副窗口，查看时可以将副窗口切换为主窗口。用户不仅可实时查看监控视频，也可会看历史监控视频。

(1)设备管理

监控设备按照视频监控类别实现视频监控目录的组织与管理，支持对视频监控设备进行添加和移除等，为视频监控调度提供信息支撑。可以按照森林防火、卡口、安防等进行分类。支持视频监控设备分类信息的新增、编辑、删除、查询、信息查看等操作。

(2)分屏显示

支持视频监控设备的分屏显示，支持单屏、四分屏、九分屏和十六分屏等分屏设置以及实时视频的展示，且不同窗口信息可以自由切换。支持视频监控窗口全图显示，能够通过云台控制调整视频监控设备角度，从而及时、准确查看视频，监控现场情况。

(3)视频监控分布

基于地图实现视频监控分布展示，并能选择相应视频监控设备实时获取监控实时视频数据。

3. 防火视频监控

实现森林防火视频监控设备接入，能够查看森林防火视频监控视频图像，也能通过控制面板进行视频摄像头控制，对现场资源情况通过远程视频进行查看浏览。防火视频监控信息包括防火视频监控设备巡航规划信息、防火摄像头角度信息及防火摄像头参数信息。

（1）视频控制管理

实现对某一摄像头的远程控制，包括云台控制、焦距调整、光圈调整、画质调整等，以及对防火视频监控设备巡航规划进行巡航设置，确保视频监控按照巡航设置进行自动巡航。

云台控制：可控制摄像头的角度信息及参数信息，包括向上、向下、向左、向右、向左上、向右上、向左下、向右下八个方向的移动，来调整看到的视频窗格画面内容，同时可以对实时画面进行抓图、开始录像或停止录像。

防火巡航设置：可添加防火巡航预置点，并对这些预置点进行巡航。支持预置点新增、编辑、删除、查询、详情查看等操作。

（2）防火视频监控设备分布管理

实现防火视频监控设备位置信息的维护与管理，以地图分布方式展示防火视频监控设备的分布。单击具体视频监控设备可以查看防火视频监控的基本信息及拍摄的视频图片信息。

（3）防火视频监控设备信息管理

实现防火视频监控设备基本信息的维护与管理，以列表方式展示包含视频监控设备基本信息，提供属性条件查询，支持查询结果的详情查看、浏览定位。

（4）防火视频监控监测数据管理

实现防火视频监控图片信息、防火视频监控视频信息及防火视频图像分组信息的维护与管理。支持防火视频监控各类信息的新增、编辑、删除、查询、查看等操作，支持防火监控视频抓拍，支持历史防火视频监控图片信息、历史防火视频监控视频信息的浏览查看和下载。

4. 卡口视频监控

实现交通卡口视频监控设备接入查看，能够接入相关视频监控设备，进行视频监控浏览查看。卡口视频监控信息包括卡口视频监控设备巡航规划信息、卡口摄像头角度信息以及卡口摄像头参数信息。

(1)视频控制管理

实现对某一摄像头的远程控制，包括云台控制、焦距调整、光圈调整、画质调整等，以及对卡口视频监控设备巡航规划进行巡航设置，确保视频监控按照巡航设置进行自动巡航。

(2)卡口视频监控设备分布管理

实现卡口视频监控设备位置信息的维护与管理，以地图分布方式展示卡口视频监控设备的分布。单击具体视频监控设备可以查看卡口视频监控的基本信息及拍摄的视频图片信息。

(3)卡口视频监控设备信息管理

实现卡口视频监控设备基本信息的维护与管理，以列表方式展示卡口视频监控设备的基本信息，提供属性条件查询，支持查询结果的详情查看、浏览定位。

(4)卡口视频监控监测数据管理

实现卡口视频监控照片信息、卡口视频监控视频信息、卡口抓拍信息及车辆抓拍识别信息的维护与管理。支持卡口视频监控各类信息的新增、编辑、删除、查询、查看等操作，支持历史卡口视频监控图片信息、历史卡口视频监控视频信息的浏览查看和下载。

5. 安防监控

实现安防视频监控设备接入查看，能够接入相关视频监控设备，进行视频监控浏览查看。安防监控信息包括安防视频监控设备巡航规划信息、安防摄像头角度信息以及安防摄像头参数信息。

(1)视频控制管理

实现对某一摄像头的远程控制，包括云台控制、焦距调整、光圈调整、画质调整等，以及对安防视频监控设备巡航规划进行巡航设置，确保视频监控按照巡航设置进行自动巡航。

(2)安防视频监控设备分布管理

实现安防视频监控设备位置信息的维护与管理，以地图分布方式展示安防视频监控设备的分布。单击具体视频监控设备可以查看安防视频监控的基本信息及拍摄的视频图片信息。

（3）安防视频监控设备信息管理

实现安防视频监控设备基本信息的维护与管理，以列表方式展示安防视频监控设备的基本信息，提供属性条件查询，支持查询结果的详情查看、浏览定位。

（4）安防视频监控监测数据管理

实现安防视频监控照片信息、安防视频监控视频信息及安防视频图像分组信息的维护与管理。支持安防视频监控各类信息的新增、编辑、删除、查询、查看等操作，支持历史安防视频监控图片信息、历史安防视频监控视频信息的浏览查看和下载。

6. 野生动植物保护监控

实现野生动植物保护监控设备接入查看，能够接入相关视频监控设备，进行视频监控信息浏览查看。野生动植物保护监控信息包括野生动植物视频监控设备巡航规划信息、野生动植物摄像头角度信息及野生动植物摄像头参数信息。

（1）视频控制管理

实现对某一摄像头的远程控制，包括云台控制、焦距调整、光圈调整、画质调整等，以及对野生动植物视频监控设备巡航规划进行巡航设置，确保视频监控按照巡航设置进行自动巡航。

（2）野生动植物保护监控设备分布管理

实现野生动植物保护视频监控设备位置信息的维护与管理，以地图分布方式展示野生动植物保护视频监控设备的分布。单击具体视频监控设备可以查看野生动植物保护视频监控的基本信息及拍摄的视频图片信息。

（3）野生动植物保护监控设备信息管理

实现野生动植物保护视频监控设备基本信息的维护与管理，以列表方式展示野生动植物保护视频监控设备的基本信息，提供属性条件查询，支持查询结果的详情查看、浏览定位。

（4）野生动植物保护监控监测数据管理

实现野生动植物保护视频监控照片信息及野生动植物保护视频监控视频信息的维护与管理。支持野生动植物保护视频监控各类信息的新增、编辑、删除、查询、查看等操作。

7. 监控站点管理

提供了对全区各个视频监控站点列表的维护管理功能，包括站点基本信息及监控设备，通过分类树的方式对不同辖区下的监控站点和设备进行组织与管理，便于进行相关的展示和操作。

（1）站点管理

监控站点分布管理：实现监控站点政区信息、监控站点经纬度信息、监控站点名称信息的维护与管理，以地图分布方式展示监控站点的分布。

监控站点信息管理：实现监控站点基本信息、监控站点类型信息、监控站点管护单位信息、监控站点监测对象信息的维护与管理，以列表方式展示监控站点的基本信息。

监控站点列表：实现监控站点列表管理，支持监控站点列表展示。

（2）设备注册

实现防火视频、交通卡口视频、安防视频、野生动植物保护等设备添加、配置、删除、查询等，实现摄像头属性信息、云台属性信息的添加、编辑、删除、查询等维护管理。

第 4 节　生态监测管理系统

生态监测管理系统实现对全区各类生态环境监测站点及监测信息的汇聚管理，实现对气象因子、空气质量因子、土壤因子、水文因子、水质因子等进行访问监测，通过对各类监测因子进行加工处理分析，全方位监控全区生态环境。系统主要包括电子地图、实时监测、监测预警、监测站点管理、统计查询和数据分析等功能。生态监测管理系统详见图 4-4。

1. 电子地图

电子地图能够集成接入森林资源基础数据、草原资源基础数据、湿地资源基础数据、荒漠化土地数据、沙化土地数据和自然保护地基础数据等，实现地图基本操作功能，省（自治区、直辖市）内各个监控点能够和电子地图进行交互，并支持随时查看气象、空气质量、土壤、水文、水质等生态监测设备的地理

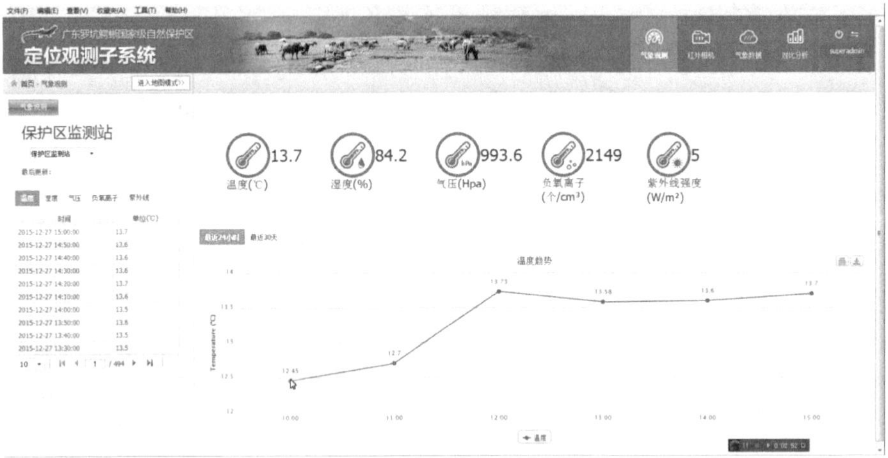

图 4-4　生态监测管理系统图

分布情况。

(1)数据浏览

实现森林、草原、湿地、荒漠化、沙化、自然保护地基础数据和遥感影像等地图数据的放大、缩小、漫游，以及全图、前一视图、后一视图的地图浏览查看。实现鼠标滚轮滑动缩放控制、地图比例尺控制、默认地图控制、经纬度显示控制等。

(2)数据查询

实现气象、空气质量、土壤、水文、水质等监测站点查询和监测数据查询，查询结果以列表形式展示出来，支持查询结果详情展示。

(3)坐标定位

提供坐标定位(地理坐标定位、平面坐标定位)功能，通过输入坐标参数，并选择坐标类型来实现定位。

(4)书签定位

提供书签定位功能，将自己需要标记的地理位置范围保存为书签，然后通过书签快速定位到该区域。

(5)政区定位

可以根据选择的行政区逐级定位。根据用户选择的政区，地图主窗口自动跳转到目标政区，并可以显示当前政区的下级政区，逐级定位。

2. 实时监测

依据固定监测点监测设备和移动监测设备，系统可实时监测区域气象状况、负氧离子、空气质量、温度、湿度、土壤、水文、水质等生态环境参数，并在系统中发布出来。

(1) 监测数据管理

实现气象、空气质量、土壤、水文、水质等监测数据的集成接入，支持对各类监测数据进行维护管理。

1) 气象监测数据管理

实现气象监测站点气温信息、气压信息、湿度信息、风向信息、风速信息等监测数据的维护管理，支持监测数据接入、导入、查询、导出等。

2) 空气质量监测数据管理

实现空气质量监测站点负氧离子、二氧化硫、二氧化氮、PM2.5 等监测数据的维护管理。支持固定监测点空气质量监测数据接入，移动监测设备空气质量监测数据导入，监测数据查询、导出等。

3) 土壤监测数据管理

实现对土壤监测站点土壤类型、土壤湿度、土壤有机质含量、土壤厚度等监测数据的维护管理；支持固定监测点土壤监测数据接入，移动监测设备土壤质量监测数据导入，监测数据查询、导出等。

4) 水文监测数据管理

实现对水文监测站点水位高度、水量大小、含沙量、补给方式等监测数据的维护管理；支持固定监测点水文监测数据接入，移动监测设备水文监测数据导入，监测数据查询、导出等。

5) 水质监测数据管理

实现对水质监测站点 pH、水温、溶氧量、电导率、浊度等监测数据的维护管理；支持固定监测点水质监测数据接入，移动监测设备水质监测数据导入，监测数据查询、导出等。

(2) 监测数据展示

实现气象、空气质量、土壤、水文、水质等监测点位置和监测数据展示，并支持各类监测数据的详情查看。通过系统算法，对各类型生态环境监测数据进行热力图、设备监测日指标、设备监测指标曲线、区域监测指标等的查看。通过系统统计功能，实现对气象、空气质量、土壤、水文、水质等类型生态监测指标历史参数汇总表格的展示。

3. 监测预警

根据实时获取的生态环境监测信息，按照生态环境因子预警监测模型，及时发布区域生态环境预警信息，为公众生活提供生态环境预警服务。

（1）预警分析

实现系统内置气象因子预警模型、空气质量因子预警模型、土壤因子预警模型、水文因子预警模型、水质因子预警模型等模型，根据监测设备获取的生态环境因子等数据，通过预警模型进行运算分析，为公众提供适宜的活动建议，如出行、旅游、户外娱乐等。

（2）预警专题图

根据预警模型结果，发布各生态因子区域预警专题图，如气象因子预警专题图、空气质量因子预警专题图、土壤因子预警专题图、水文因子预警专题图、水质因子预警专题图等，并支持对气象、空气质量、土壤、水文、水质等因子预警专题图进行查看，直观反映各区域生态环境现状。

（3）预警信息发布

通过网页对公众发布气象监测预警信息、空气质量监测预警信息、土壤监测预警信息、水文监测预警信息、水质监测预警信息，方便公众查看，为公众日常生活提供便利；提供预警信息的新增、编辑、查询、删除和发布等功能。

（4）预警信息接口

提供气象因子预警信息接口、空气质量因子预警信息接口、土壤因子预警信息接口、水文因子预警信息接口、水质因子预警信息接口等信息接口，为其他业务应用提供预警分析服务。

4. 监测站点管理

实现对各级生态环境监测点及监测设备的分级管理，实现对监测点、监测设备的全方位监控管理。

（1）监测站点管理

提供了对各监测站点列表的维护管理功能，包括气象监测站点、空气质量监测站点、土壤监测站点、水文监测站点、水质监测站点等各站点的位置信息及基本信息等，通过分类树的方式对不同辖区下的监测站点进行组织与管理，便于进行相关的展示和操作。

（2）监测设备管理

提供了对各个监测设备基本信息进行维护管理的功能，如气象监测设备、空气质量监测设备、土壤监测设备、水文监测设备、水质监测设备等，通过分类树的方式对不同辖区下的监测设备进行组织与管理，便于进行相关的展示和操作。

（3）监测设备接口管理

针对具有网络联通属性的监测设备，实现对气象监测设备接口、空气质量监测设备接口、土壤监测设备接口、水文监测设备接口、水质监测设备接口的IP、调用接口、接口说明的登记维护。

（4）设备状态监控

能够对各类生态环境监测设备的运行情况进行监控，包括气象监测设备状态监控、空气质量监测设备状态监控、土壤监测设备状态监控、水文监测设备状态监控、水质监测设备状态监控，实时获取设备的运行参数，以表格形式展示设备是否正常运行以及设备电量、重启次数等信息。

5. 统计查询

建立基于数据中心的统计分析系统，根据采集的数据信息，进行智能分析、数据挖掘，形成统计报表和趋势分析报表，为科学研究、预测预警提供数据支撑。

（1）生态环境监测设备专题图

基于监测指标拟合出负氧离子、空气质量、温度、湿度等各类专题图。

（2）生态环境监测设备统计报表

基于报表组件，形成各级政区类型年度生态环境监测设备统计报表。

（3）生态环境趋势统计

基于历史监测指标数据，预测出未来生态环境变化趋势，以曲线图形式展示。

（4）生态环境指标组合统计

通过对温度、湿度、空气质量等指标的组合，分析统计出指标间的相关关系，可以通过拖拽因子的形式，实现快速结果统计。

(5)综合查询

通过日期、生态环境指标类型、区域等信息，快速检索出所需区域、生态因子、时间的生态环境情况。

6. 数据分析

可以根据监测数据成果自动生成监控曲线及统计报表，便于进行趋势分析。

(1)生态环境监测仪表盘

用仪表盘实时显示区域气象、空气质量、土壤质量、水文质量、水质质量等生态环境监测指标。

(2)湿度监控曲线

以时间—湿度为维度建立湿度监控曲线，可以直观反馈每日各时间段的空气湿度情况，为人们室内、户外活动等提供参考。

(3)空气质量日历图

以日历图的形式，展示年度内每一天的空气质量情况，以绿色表示质量优，以红色表示质量差。通过空气质量日历图可以直观反馈各季节空气质量情况，为生态环境治理提供参考。

(4)空气质量专题图

发布空气质量专题图，直观反映各地区的生态环境情况，为造林规划、工业合理布局等提供数据参考。

(5)土壤情况热力图

提供土壤墒情热力专题图，通过和影像、政区、小班叠加，可以为造林项目开展提供参考。

(6)气象雷达图

针对天气气象监测因子构建气象雷达图，分析是否适宜户外活动。

(7)监测表格

在地图中点击监测点可以查看监测设备获取的详细监测记录，并可以查看监测设备各类型生态因子监测表格，如气象监测表格、空气质量监测表格、土壤监测表格、水文监测表格、水质监测表格等信息。

第 5 节　无人机监测管理系统

无人机监测管理系统基于 B/S 架构，以单位为管理单元，实现无人机设备和人员的信息管理，基于林草业务数据（国家森林资源智慧管理平台前置服务数据、森林资源一张图数据以及其他业务数据），提供电子地图、设备管理、任务管理、数据处理、实时监控、数据管理、统计分析、无人机移动 App 等功能。无人机监测管理系统详见图 4-5。

图 4-5　无人机监测管理系统

1. 电子地图

实现电子地图数据的组织与管理，为无人机任务管理、航线规划及数据管理提供基础地理信息支撑。

（1）底图切换

实现公共基础数据底图的整合管理，能够集成国家森林资源智慧管理平台前置服务数据、森林资源“一张图”数据和遥感影像数据，实现公共基础数据底图的切换，为数据的浏览、查询提供支撑。

(2)地图操作

实现地图的浏览定位，包括放大、缩小、层级显示、坐标定位、政区定位。

(3)数据查询

实现底图数据查询、业务数据空间查询、属性查询，可以将预置的条件整理好，为后续的查询提供便捷支撑，也可以根据查询情况及时进行数据优化。

(4)数据组织

实现无人机航飞业务数据的导入以及监测小班信息、巡护网格信息、监管督查小班的获取、组织与管理，为任务管理、航线规划及业务应用提供支撑。

2. 设备管理

实现各级林业管理部门无人机设备管理信息、无人机设备注册信息、无人机飞手信息、无人机设备维修保养信息、无人机设备保险信息的管理与维护，支持管理信息及注册信息的新增、编辑、删除和查询等操作，为无人机监控、数据管理和调度指挥提供支撑。

(1)无人机设备管理

实现无人机设备的注册及基础信息的维护管理，包括无人机设备编号信息、无人机型号信息、采购时间信息、采购单位信息、状态信息(在用、损毁、淘汰、调走)、维修记录信息、保险以及附件资料信息等的新增、查询、编辑、删除和封存。

(2)无人机设备分配

实现无人机设备分配信息的维护管理，包括分配的无人机设备信息和对应的飞手信息，支持分配信息的添加、编辑修改、删除等操作。

(3)无人机设备维修保养

实现无人机设备维修保养信息的维护管理，包括设备型号信息、保修时间信息、维修次数信息、售后维修机构信息的维护管理，支持设备维修保养信息的新增、编辑修改、查询、删除等操作。

(4)无人机设备保险

实现无人机设备保险信息的维护管理，包括设备的型号、保险开始时间、保险到期时间、是否出保信息等，支持设备保险信息的新增、编辑修改、查询、删除等操作。

3. 任务管理

根据无人机业务应用场景，实现飞行任务的管理与维护，包括任务的创建、信息展示、任务下载及飞行记录管理，支持四大类飞行任务参数的设置，包含航线、航点、范围及飞行参数等。

(1)飞行任务管理

实现测图任务信息、监测任务信息、巡护任务信息、监管督查任务信息的管理与维护，支持任务的创建、删除和修改。

1)测图任务

实现测图任务信息、测图区域范围、无人机测图区域范围、无人机测图矢量数据、无人机测图影像数据的管理与维护，支持测图任务、测图区域范围、无人机测图区域范围及无人机测图数据的新增、编辑、删除和查询等操作。能够与移动端无人机 App 集成，通过无线网络上传或者在线拷贝方式，实现 App 采集的无人机测图数据的导入，实现整个无人机测图任务全周期管理。

2)监测任务

实现监测任务信息、无人机监测区域范围、监测小班范围信息、监测小班基本信息及监测图片信息的管理与维护，支持监测任务信息、无人机监测区域范围、监测小班范围信息、监测小班基本信息及监测图片信息的新增、编辑、删除和查询等操作。根据监测业务需要，能够与移动端林业资源数据采集 App 集成，通过无线网络上传或者在线拷贝方式，实现 App 采集的监测小班范围信息、监测小班基本信息、监测图片信息的导入，实现整个无人机监测任务全周期管理。

3)巡护任务

实现巡护任务信息、无人机巡护区域范围、无人机巡护病虫害事件信息、无人机巡护违法占地事件信息、无人机巡护盗伐林木事件信息及无人机巡护森林火灾事件信息的管理与维护，支持巡护任务信息、无人机巡护区域范围、无人机巡护病虫害事件信息、无人机巡护违法占地事件信息、无人机巡护盗伐林木事件信息及无人机巡护森林火灾事件信息的新增、编辑、删除和查询等操作。根据病虫害、违法占地、盗伐林木、森林火灾等巡护业务需要，能够与无人机移动 App 集成，通过无线网络上传或者在线拷贝方式，实现移动 App 采集的巡护事件信息的导入，实现整个无人机巡护任务全周期管理。

4)监管督查任务

实现监管督查任务信息、监管督查小班范围信息、监管督查小班基本信息及监管督查图片信息的管理与维护，支持监管督查任务信息、监管督查小班范围信息、监管督查小班基本信息及监管督查图片信息的新增、编辑、删除和查询等操作。根据监管督查业务需要，能够与无人机移动App集成，通过无线网络上传或者在线拷贝方式，实现移动App采集的监管督查小班范围信息、监管督查小班基本信息、监管督查图片信息的导入，实现整个无人机监管督查任务全周期管理。

5)任务信息(列表)展示

实现任务信息列表展示，展示任务信息，包含任务的名称、目标、航线基本信息、创建时间、完成日期等，有多种任务信息过滤方式和任务信息排序方式。

6)飞行任务下载

实现飞行任务下载及任务信息上传管理，飞控端通过无线网络或者在线拷贝方式从服务器下载任务。

(2)飞行记录

实现飞行记录数据、飞行轨迹信息的管理，支持飞行记录数据、飞行轨迹信息的新增、编辑、删除和查询等操作。确保每一次飞行都会保存飞行记录，飞行记录包括各种模式下的飞行和使用手动飞行的记录，包含飞行时的信息和轨迹。

4. 数据处理

建立数据处理后台服务，基于测图任务上传的无人机影像数据，实现无人机影像数据批量自动拼接处理，主要包括影像预处理、特征提取与匹配、建立变换模型、统一坐标变换和影像融合重构等功能模块。数据处理流程详见图4-6。

(1)图片信息提取

基于测图任务上传的无人机测图照片数据，实现影像列表的构建、定位参数的获取、照片内参的获取，为进一步的特征点提取和纠正拼接提供支撑。

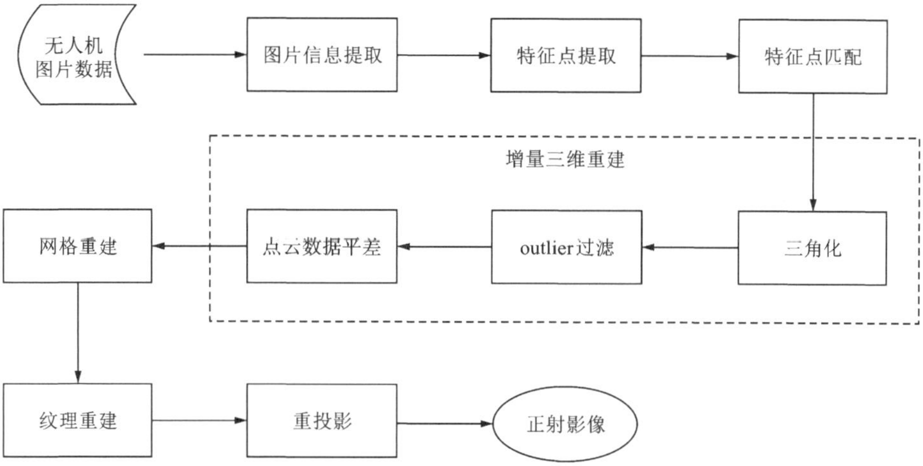

图 4-6　数据处理流程

(2)特征点提取

实现特征点信息、相关尺度信息及定位因子信息的管理与维护，基于 SIFT (Scale-Invariant Feature Transform)算法和照片信息列表，实现照片局部特征点提取，生成相关尺度和定位因子，为后续的特征点匹配提供支撑。

(3)特征点匹配

基于 Cascade Hashing(级联哈希最近邻)匹配算法和特征点提取结果，根据尺度和描述因子进行特征点匹配识别，形成特征点配准数据对，为进一步拼接纠正提供支撑。

(4)增量三维重建

包括三角测量模型、三维点云坐标、三维点云基础数据及点云成果数据。增量三维重建通过几何纠正、三角测量等恢复稀疏点云结构，再进行局部和全局的 BA 优化，最后输出全部的相机参数和稀疏三维点云。

1)三角化处理

基于两个相对的同名点，利用几何纠正和三角测量模型，实现点云数据三维重建，形成三维点云坐标。

2)outlier 过滤处理

采用 RANSAC 算法进行过滤，对三维点云的异常值、错误值进行过滤处理，形成三维点云基础数据。

3)点云数据平差

采用光束平差法，依据三维点云数据、相机位置参数和相片内参进行优化平差，形成点云成果数据。

(5)网格重建

基于点云数据，采用 Delaunay 算法模型进行三角网模型计算，实现三角网的构建，形成三角网数据，为影像纹理重建提供依据。

(6)纹理重建

基于照片数据和三角网数据，建立局部和全局拼接线，实现影像拼接数据和三维纹理重建数据的管理，实现纹理重建，为进一步正射影像投影处理提供信息。

(7)重投影

基于三维纹理纠正数据和照片数据，利用重投影算法，实现三维模型到二维影像的转换，过程中包括三维模型的建立、投影模型的建立，形成无缝拼接的正射影像成果。

5.实时监控

实现无人机终端实时监控，能够即时掌握无人机实时位置、轨迹分布情况，通过远程音视频调度指挥，实现实时图传和实景直播，为远程监控、调度指挥提供支撑。

(1)无人机监控

实现当前日期无人机飞行信息总览，方便了解无人机总数、在线数、在线率等信息，也能逐级查看当前选择单位以及下级单位无人机数、在线人数情况。

(2)音视频指挥调度

基于互联网音视频调度服务接口与无人机实时飞行数据，实现与无人机管理人员的音视频指挥调度，为管理终端远程调度无人机终端现场人员提供支撑；支持音视频铃声呼叫，便于无人机操控人员即时了解管理端的呼叫情况；支持双向视频窗口的展示对话，并能进行窗口放大。

(3)实时图传

根据音视频指挥调度情况，实现无人机现场拍摄的实时图片的接收与展示，并能将照片与地图叠加显示，为业务参考、远程监控和指挥调度提供参考。

6. 数据管理

实现公共基础数据、业务数据的下载以及无人机航飞数据的接收管理。

(1)数据组织

基于无人机飞行时间、区域、任务等信息，实现无人机视频、图片以及正射影像成果数据目录的组织与管理，支持数据目录的新增、编辑、删除、查询、顺序控制、列表展示、层级控制等操作。

(2)数据入库

实现无人机采集数据信息的接收、入库管理，形成无人机数据成果库。

(3)服务发布

实现无人机影像拼接成果影像数据服务的发布与管理，便于无人机成果影像的叠加应用。实现正射影像服务发布信息的维护与管理，可以对服务发布情况进行详情查看，支持正射影像服务发布信息的新增、编辑、删除、查询等操作。

7. 统计分析

基于无人机设备以及飞行任务规划，实现无人机监测与保护管理飞行数据的统计分析，主要包括无人机设备统计和无人机任务统计功能模块。

8. 无人机移动 App

基于移动 GIS 技术、GPS/北斗技术、遥感影像技术等建立林业资源采集移动 App(详见图 4-7)实现林业资源保护与修复业务数据采集、图斑核实以及维护管理，为各级业务人员提供电子工具，方便外业现场开展数据调查采集工作，确保外业数据采集工作快速、高效进行。

(1)核查管理

用于林业资源外业核查，主要包括各类林业资源的图形采编和属性采编。

1)资源动态监测外业核查

实现森林资源变化、建设项目使用林地、林木采伐、森林火灾、有害生物等资源动态监测外业核查。

2)生态修复与保护核查

实现人工造林自查、人工更新自查、低效林改造自查和封山育林自查等生

图 4-7　林业资源采集移动 App 设计效果图

态修复与保护工程外业核查。

(2)无人机注册

实现无人机设备信息的维护与管理，实现无人机设备接入、检查、参数的设置管理；主要包括无人机接入、无人机信息检查和无人机参数设置等功能模块。

1)无人机接入

实现无人机设备的接入，及时获取无人机设备参数信息。在平板设备与无人机的遥控器连接之后，基于无人机厂商的 SDK，使用各接口从遥控器获取到接入的无人机的型号、电量、卫星信号、遥控器双通道的信号强度，以及飞机姿态、存储空间、飞行方式、飞行速度、飞行高度等信息。

2)无人机信息检查

在手工起飞前和自动任务执行前均实现了自动无人机设备信息的检查，并可修改设置项，确保无人机正常起飞，以提高无人机飞行安全性和作业的可靠性。

检查项目有：IMU 状态、指南针状态、云台状态、失控行为、对焦模式、无人机与 TF 卡存储空间、拍照存储位置、最远飞行距离、最大飞行高度、返航高度、飞行模式、飞行器电量与电池温度等。

3）无人机参数设置

基于无人机厂商的 SDK，通过与遥控器连接，实现无人机飞行各控制参数、图传参数、作业参数等的设置。

设置项目有：失控行为、飞行最大高度、返航高度、最大距离、照片类型、对焦模式、低电量报警阈值、严重低电量报警阈值等。

（3）无人机飞控

实现无人机飞行控制、数据采集、数据挂接、图像纠正，为林业业务应用提供支撑。主要包括任务管理、无人机规划路线、无人机监测数据采集、无人机测图数据采集、无人机巡护数据采集、无人机监管督查数据采集和无人机飞行轨迹采集数据、无人机数据回传等功能模块。

1）任务管理

根据无人机监测与保护应用模式，实现无人机任务信息管理。

2）无人机规划路线

基于无人机采集模式，实现无人机规划路线管理。

3）无人机监测数据采集

根据林业资源保护需要，针对重点区域实现无人机监测数据采集。叠加林业专业地图，可把无人机在航线上拍摄的正摄照片嵌入地图，并参考嵌入后的照片来进行监测数据采集与监测图斑勾画。

4）无人机测图数据采集

根据航测要求，依据规划路线实现无人机测图数据采集。无人机可根据自动规划好的航线，自动进行测图任务飞行与照片拍摄。在测图过程中遇到电池电量不足的情况时，程序会自动记录中断点并返航无人机；在更换电池后，继续测图作业时，程序控制无人机飞向中断位置继续执行测图任务；反复执行以上步骤，直到测图完成。

5）无人机巡护数据采集

根据林业资源保护需要，针对重点区域实现无人机巡护数据采集。叠加林业专业地图，在无人机于航线上飞行的过程中，通过实时视频发现巡护范围内的异常情况，并拍摄举证照片。

6）无人机监管督查数据采集

根据调查取证业务需要，实现无人机监管督查数据采集，包括拍照取证以及与业务数据挂接。叠加林业专业地图和督查数据图斑，可以手动飞行或规划自动航线的方式对督查图斑拍摄举证照片，并且将照片与督查图斑进行绑定，可在上传督查数据时统一上传。

7）无人机飞行轨迹数据采集

基于无人机监测与保护需要，实现无人机飞行航迹数据、无人机飞行航点数据采集。基于无人机厂商的SDK，在无人机飞行过程中，程序会以每秒10次的频率从遥控器接收无人机的各种信息，包括无人机位置坐标、无人机高度、机头方向、云台方向、云台角度、横向飞行速度、垂直升降速度、电池电量等相关信息，并把信息保存到数据库中。

8）无人机数据回传

基于无人机采集的各类数据，实现无人机采集数据的回传，支持对无人机数据回传信息的维护管理。结合无人机监测管理系统，把无人机软件中产生的各类数据通过数据上传方式上传到数据库中，包括的数据有监测采集数据、巡护采集数据、测图采集数据、督查采集数据、无人机轨迹采集数据等。

第6节　GIS支撑软件

1.服务端GIS平台软件

（1）提供专业性能优化技术

如服务器端产品支持分布式缓存技术、池化的GIS服务实例、进程占用模式按需配置、多种集群内通信协议等，能够很好地提高服务响应性能。

（2）提供丰富的Web服务

GIS工具提供多种遵循REST、SOAP及OGC标准的Web服务，如电子地图、空间数据、OGC标准服务，通过Web服务向桌面端、Web端和移动端提供丰富的GIS功能；支持丰富的具有空间能力的数据库——GIS工具支持对包含空间类型的商业数据库中的空间数据进行直接操作。通过GIS Server可以将数据发布成多种类型的服务，以供桌面、Web浏览器和移动设备等各种终端访问；可直接访问数据库进行地理数据的可视化与分析，支持人大金仓、PostgreSQL数据库。

(3) 在线地图出图

内置符号设置、地图配色、地图整饰，实现各类专题图在线制作、出图。

(4) 二、三维管理和展示能力

GIS 工具需要具备二、三维从接入、管理、展示到共享的一体化能力。

(5) 多源数据聚合能力

支持多源数据服务集成与聚合，提供弹性扩展空间；提供了 Web 制图服务以支持动态形式或者静态缓存形式的地图发布；可实现服务图层、服务操作级别的访问控制。

(6) 地图在线编辑能力

具备大量用户、海量空间数据在线编辑能力，支持 Web 端在线跟踪、捕捉等高级编辑功能。

(7) 二次开发能力

提供了丰富的服务类型为 Web 端和移动应用提供了大量的数据和功能。

2. 桌面端 GIS 平台软件

(1) 大数据支持

支持海量数据的快速浏览、查询、编辑和统计。

(2) 数据采编

采编过程中可以进行图形拓扑和属性逻辑控制，提高数据采编质量。

(3) 渲染标注

支持标注分类、复杂分数式、标注位置移动和内容修改，实现入库制图的一体化。

(4) 数据质检

可自定义数据质检规则，用于数据的图形和属性质量检查，保障数据质量。

(5) 专题制图

内置地理信息及林业专业符号库，能进行丰富的制图渲染，提供动态图例、图表、图签等高级元素，方便进行各类林业专题图制作。

(6) 动态报表

具有强大的动态表单和动态报表功能，为属性快捷录入和统计报表的制作提供工具支撑。

3. 移动端 GIS 平台软件

具备数据导入导出、地图浏览、数据采集、数据编辑、GNSS 定位导航、在线数据传输等移动 GIS 功能，满足野外调查应用需要，提升数据采编的效率和质量，具体技术参数如下。

(1) 支持大数据量

支持点、线、面 50 万矢量数据浏览、查询和采编，支持自主格式压缩影像（压缩比 10%）。

(2) 支持外部数据

支持天地图和国家森林资源智慧管理平台历史影像、即时影像等互联网地图在线和离线使用。

(3) 坐标自动转换

基于 GNSS 转换参数，实现 CGCS2000、西安 80、北京 54、WGS84 等基准的坐标校正，支持基于坐标对的参数计算校正。

(4) GNSS 定位整合

支持 GPS、北斗、GLONASS、移动信号等多种方式定位，同时可以实时外业调查航点航迹记录。

(5) 便捷数据采编

支持外业调查数据创建，提供高效便捷的数据采编功能，采编过程中可进行图形拓扑和属性逻辑控制，提升数据采编质量。

(6) 地理照片采集

支持带经纬度的地理照片采集，可实现与采集要素的自动关联，确保外业采集数据的真实可靠。

(7) 在线数据同步

软件支持与服务端直连，通过在线下载、离线调查、在线增量同步的方式，支持长事务的外业调查编辑，实现内外业一体化。

(8) 软件整合扩展

支持林地蓄积计算扩展，支持树种辅助识别扩展，支持将调查位置发送到高德或百度导航软件，实现跨软件联合导航。

第3部分

数字林草应用系统建设

第 5 章

资源管护系列应用系统建设

树牢尊重自然、顺应自然、保护自然的理念，坚持节约优先、推进资源总量管理、科学配置、集约利用，全面加强森林、草原、湿地、自然保护地生物多样性资源保护，实时监测全区沙化动态变化情况，守护好山山水水、一草一木，切实保护好青藏高原生态屏障。

第 1 节　系列应用系统主要任务

1. 系统助推林草资源管理

搭建森林、草原、湿地、沙化等林草湿荒资源管理系统，健全“林草空间一张图”，构建资源管理“天空地人”一体化监测体系，及时掌握林草湿荒资源动态变化情况，提升预警预报和问题处置能力，提升林草湿荒资源保护发展信息化管理水平，筑牢生态安全屏障。

2. 系统助推以国家公园为主体的自然保护地体系建设

搭建自然保护地综合管理系统，实现自然保护地资源信息的动态监管，减少由人类活动、自然灾害等因素导致的资源突变，及时更新资源数量、质量以及消长变化，服务于自然保护地业务管理、科研教学和社会公众，提高自然保护地的现代化治理水平，实现自然保护地资源精细化管理、全方位监管和社会化服务。

3. 系统助推公益林和天然林资源保护

搭建生态公益林保护管理系统，实现公益林动态调整、资源管护、资金补偿和管护队伍管理，提升生态公益林资源保护管理水平；搭建天然林保护管理系统，基于天然林区划落界成果，科学划定天然林保护范围和保护重点区域，实现天然林资源保护全覆盖，跟踪天然林用途、管护与修复过程，提升天然林资源保护与修复管理水平。

4. 系统助推生物多样性保护

搭建野生动植物保护管理系统，科学分析、评价野生动植物资源生存现状，为野生动植物的培育、保护与利用提供信息支撑；建立古树名木管理系统，跟踪古树名木日常监测、养护、复壮过程，提升古树名木保护管理水平。

5. 系统助推林木种质资源管理

搭建林木种质资源管理系统，实现林木采种基地、良种基地、保障性苗圃、种质资源库落地上图，全面摸清林木优良种质资源家底，加强林木种苗育、繁、推一体化管理，解决种苗供给不足等突出问题，构建林木种苗发展新格局，提高林木种质资源保护管理水平。

第 2 节　森林资源保护管理系统建设

充分利用遥感、无人机、人工智能等技术，基于多期遥感数据提取的森林资源变化数据，结合专项监测（建设项目使用林地、造林、采伐、火灾、病虫害、林政案件等）成果，并辅以外业核实，完成森林资源突变更新，结合多期森林资源监测成果，建立林分生长模型，实现自然生长更新，通过信息化手段实现资源档案更新，及时掌握森林资源发展变化情况，为森林资源保护管理提供有力支持。

1. 森林资源管理

实现国家森林资源智慧管理平台前置数据资源的接入，具备森林资源数据、林征占用、造林、采伐、抚育、火灾、病虫害、林政案件等经营档案数据以及森林资源变化图斑等业务数据的组织与管理等功能，支持森林资源档案数据的导入、显示、编辑控制等。

2. 森林资源浏览查询

实现森林资源数据的浏览查询，提供坐标定位、政区定位、书签定位、小地名定位等；实现森林资源数据的空间、属性条件查询及查询结果展示。浏览查询主要包括数据浏览、坐标定位、书签定位、小地名定位、政区定位、卷帘对比、属性查询、空间查询和测量等功能模块。

3. 森林 AI 变化监测

利用 AI 人工智能自动识别技术，结合两期遥感影像，自动提取出变化的森林资源数据。支持变化提取结果数据的管理，形成变化图斑成果。

（1）人工复核

在 AI 自动识别的基础上，辅助人工复核，实现变化图斑的确认。针对需要修正补充的变化图斑，系统提供图斑区划工具，包括创建、修边、节点编辑、分割、合并、删除及属性录入等，支持卷帘工具、分屏比对等人工判读工具；支持人工复核进度的查看。

（2）变化核实

在变化图斑的基础上，系统自动将变化图斑和预警信息推送给各级林草主管部门，各级林草主管部门对辖区内森林资源进行外业现场核实，支持对已经核实完成并上报的变化图斑进行属性信息查看、编辑修改等操作。

4. 图斑编辑

系统提供多种图形区划和编辑工具，可分别对变化图斑和变化核实图斑进行在线区划和编辑修改；支持变化图斑或变化核实图斑的属性信息录入或修改。

5. 数据质检

根据设定的属性质检规则，对森林变化核实图斑数据进行批量质检，对发现的质检问题进行结果列表展示，并可以定位到具体的变化核实图斑和地图位置，便于数据修改和规范。

6. 数据统计

构建面向森林资源变化的动态监测监管统计报表，实现统计报表分类管理，实现报表的动态统计，同时支持统计报表导出。主要包括报表分类管理、报表统计和自由统计等功能模块。

第3节　草原资源保护管理系统建设

基于林草湿综合监测成果，准确掌握各类草原资源底数，为草原保护政策制定提供信息服务；科学分析草原禁牧休牧区，建立禁牧区电子围栏，充分整合遥感、无人机、视频监控等感知终端，对禁牧休牧区进行智能化监控，提升禁牧休牧智能化监管水平；科学核定草原资源承载量，为草畜平衡规划及动态监督管理提供服务支撑；建立草原补奖台账，全面及时掌握草原补奖政策任务资金落实情况。

1. 草原资源管理

实现各类草原资源监测数据的统一管理，包括系统中涉及的行政区划数据、遥感影像数据、无人机影像数据、草地图斑数据等的统一管理。通过图层显示、隐藏控制、编辑状态等设置实现图层管理与控制。

2. 草原资源浏览查询

实现行政范围内草地图斑、天然草原数据、人工草原数据等的浏览和查询，提供坐标定位、政区定位、书签定位等功能；实现草原资源数据的空间、属性条件查询及查询结果展示，包括“I”键查询、小班查询、条件查询、查询结果展示功能。系统提供各种地图工具，辅助完成草原资源监测。

3. 草原变化监测

（1）AI 变化监测

利用 AI 人工智能自动识别技术，结合两期遥感影像，自动提取出变化的草原资源数据。支持变化提取结果数据的管理，形成变化图斑成果。

（2）人工复核

在 AI 自动识别的基础上，辅助人工复核，实现变化图斑的确认。针对需要修正补充的变化图斑，系统提供图斑区划工具，包括创建、修边、节点编辑、分割、合并、删除及属性录入等，支持卷帘工具、分屏比对等人工判读工具；支持人工复核进度的查看。

（3）变化核实

在变化图斑的基础上，系统自动将变化图斑和预警信息推送给各级林草主管部门，各级林草主管部门对辖区内草原资源进行外业现场核实，支持对已经核实完成并上报的变化图斑进行属性信息查看、编辑修改等操作；提供核实变化图斑数据的质检和核实进度查看功能。

4. 样地管理

实现草原各类监测样地的统一管理，主要包括天然草原样地、人工草地样地、草原样方等的管理。

5. 返青监测

草原返青指春季气温回升、水分条件适宜时，草原牧草结束休眠开始复苏，地面芽、地下芽萌发或老叶恢复弹性开始生长，植株或草原景观由黄变绿的过程。草原返青期指草原景观中从少量牧草返青开始到全部牧草返青为止的这段时期。根据返青比例的不同，又可将返青期划分为返青初期、返青中期、返青后期。

6. 汇总统计

基于平台的报表组件，构建面向草原应用支撑的统计报表，实现统计报表分类管理，支持基于矢量数据的汇总统计，支持基于空间分析结果的汇总统计，支持政区级别设置，实现报表的动态统计，同时支持统计报表导出。主要包括报表分类管理、报表配置和报表输出等功能。

第 4 节　湿地资源保护管理系统建设

基于林草湿地综合监测成果，全面掌握湿地资源底数，严格落实湿地面积总量管控，坚持确保湿地面积不减少的原则，构建湿地资源保护体系，通过遥感、无人机、红外相机、水文、水质等感知设备，实现湿地资源演进分析、资源变化分析、生态环境分析、生物多样性监测分析，为加大重要湿地的保护力度，减轻人为干扰，维护生物多样性提供科学依据，全面提升湿地资源保护管理水平。

1. 湿地资源管理

实现各类湿地资源监测数据的统一管理，包括系统中涉及的行政区划数据、遥感影像数据、无人机影像数据、湿地图斑数据等的统一管理。通过图层显示、隐藏控制、编辑状态等设置实现图层管理与控制。

2. 湿地资源浏览查询

实现行政范围内湿地图斑、湿地公园数据、湿地自然保护区数据等的浏览和查询，提供坐标定位、政区定位、书签定位等功能；实现湿地资源数据的空间、属性条件查询及查询结果展示，包括“I”键查询、小班查询、条件查询、查询结果展示功能。系统提供各种地图工具，辅助完成湿地资源监测。

3. 湿地生物多样性管理

实现湿地生物多样性管理，主要包括湿地植物、湿地动物、湿地水鸟、湿地兽类、两栖类、鱼类等动植物信息的维护管理。支持对湿地生物多样性信息进行查看，支持对各类多样性数据的新增、编辑修改、删除、查询等操作。

4. 湿地监测档案管理

管理湿地历史相关信息，提供对不同历史时期湿地情况的对比分析，从两者分析中，得到湿地变化趋势。

5. 湿地专题图管理

实现湿地专题图管理，包括湿地公园、湿地保护区、国家重要湿地专题图、国际重要湿地专题图等的维护管理。

6. 汇总统计

基于平台的报表组件，构建面向湿地应用支撑的统计报表，实现统计报表分类管理，支持基于矢量数据的汇总统计，支持基于空间分析结果的汇总统计，支持政区级别设置，实现报表的动态统计，同时支持统计报表导出。

第 5 节　自然保护地综合管理系统建设

落实国家《关于建立以国家公园为主体的自然保护地体系的指导意见》，基于自然保护地整合优化成果，利用云计算、物联网、互联网、大数据、智能分析等技术，以资源整合和信息共享为突破口，规范自然保护地生态环境和生物多样性信息的采集、传输、管理和应用，形成监测信息立体感知、日常管理高效协同、生态保护价值凸显、信息服务内外互动的自然保护地综合体系，服务于自然保护地业务管理、科研教学和社会公众，提高自然保护地的现代化治理水平，实现自然保护地资源精细化管理、全方位监管和社会化服务。

1. 监管与决策应用

面向各级自然保护地管理部门用户，基于自然保护地“一张图”数据库，对自然保护地数据进行处理、加工、统计、分析，通过文字描述、统计图、统计表、专题图、全景、VR、多媒体等多种方式，将庞大的资源数据通过可视化技术直观展示出来，实现自然保护地资源宏观和微观相结合，方便各级管理人员从宏观上全面了解自然保护地自然资源的各类指标，可以定位到具体的自然资源查看其资源的详细信息，为自然保护地自然资源布局提供科学服务。

（1）“一张图”监管

基于二、三维一体化技术，按照行政分区、保护分区、重点区域交互浏览自然保护地自然资源数据及规划数据等，从宏观到微观全方位浏览查看，以多期数据展示保护地资源的动态变化情况，以专题图展示保护地分布情况，以图片、视频、全景、倾斜摄影模型展示保护地各类资源实地情况，方便各级管理人员全方位了解自然保护地总体规划、资源分布、资源监测、资源监管、灾害防控、生态建设、资源巡护、生态补偿、科普宣教、社区共管情况。

(2)资源管理

通过资源管理实现自然保护地总体规划、资源分布、资源监测、资源监管、灾害防控、生态建设、资源巡护、生态补偿、科普宣教、社区共管等各类业务数据的汇聚管理，提供自然保护地各类信息快捷检索的渠道，便于各级管理部门及时了解自然保护地各类业务开展的情况，实现信息的互联共享。

(3)综合分析

利用大数据技术充分挖掘和分析数据价值，对自然保护地资源从宏观、整体到微观节点精准监控，解决资源分布、生态修复成效、灾害应急监控与调度、自然保护地发展规划等问题，对自然保护地建设发展水平进行评估、预警、预测和分析。

(4)物联集成

实现视频监控、气象监测、水文监测、土壤监测、红外相机监测、无人机监测等各类物联监控网络的集成，方便各级管理人员通过系统即时调取相应设备的实时监控数据，了解自然保护地自然资源实时监测信息，并结合各类监测预警指标，对预警监控区域进行重点关注和及时分析，为自然保护地监管决策提供支撑。

2. 业务管理应用

面向国家公园、自然保护区、自然公园等自然保护地管理单位管理人员、业务人员及科研工作者，结合自然保护地基础信息管理、资源监管、科研监测、生态修复、资源巡护、生态补偿、火灾监控和有害生物监测业务应用，实现自然保护地各类业务的信息化，提升自然保护地业务管理水平，积累自然保护地大数据，为自然保护地生态保护和发展规划提供服务。

(1)基础信息

实现自然保护地整合优化成果、基本信息、管理信息、资源信息、社区居民等信息的维护管理，方便管理部门及时维护和掌握自然保护地基本情况、管理类型、变动情况。

(2)资源监管

基于上级交办、护林员巡护、无人机巡护、遥感变化监测、视频监控识别、群众举报等手段，实现自然保护地资源变化、违规挖采、乱砍盗伐、违规占用等事件信息的汇聚、分析、核查、查处、督办等，以及这些业务过程的跟踪管理，实现对自然保护地非法占用事件的监督管理，提高自然保护地执法监管能力。

(3)科研监测

针对自然保护地的类别、管理级别、重点保护资源等特点，结合智能感知设备，基于科研监测规范，实现自然保护地各类保护资源的科研监测信息的获取，为保护地资源保护、生态修复、发展规划提供支撑。

(4)生态修复

实现自然保护地生态修复项目全过程精细化管理，解决“资源分布在哪里”“生态修复在哪里”“精准提升在哪里”等问题，提高生态修复绩效管理水平，为自然保护地资源保护提供辅助支撑。

(5)资源巡护

实现自然保护地巡护人员、巡护过程全方位监管，实时掌握资源巡护状况，及时了解巡护人员工作情况、巡护事件情况，及时进行事件处置，确保自然保护地资源安全，提高巡护监管水平。

(6)生态补偿

依据自然保护地生态补偿管理办法，实现自然保护地居民生态补偿和经济损失补偿的落实，提升居民保护自然保护地资源及生物多样性的积极性。

(7)火灾监控

实现自然保护地火灾的智能化监控，便于保护地管理部门及时、准确掌握火情，实现自然保护地防火动态管理。对火灾日常监控、预测预报、火点定位、资源检索提供智能化支撑，全面提高自然保护地防火管理现代化水平。

(8)有害生物监测

实现自然保护地有害生物监测、防治信息的收集和汇总，实时监测与评估林业有害生物的整体发生发展情况，形成突发林业有害生物应急管理和应急指挥体系，为有害生物科学预测奠定数据基础。

3. 公众服务应用

面向社会公众，构建林草生态网络信息门户，实现林草生态信息发布、信息公开、政策法规、资源展示等功能，以便更为有效地加强林草信息公开发布，树立良好的社会服务形象，提升为公众服务的能力。

(1)新闻资讯和政策法规

展示自然保护地相关的新闻资讯、政策法规；提供对详情的查看、下载和搜索功能。

(2)资源信息

实现自然保护地数量、自然保护地面积、野生动植物数量、视频监控设备数量、红外相机设备数量等各类资源信息的发布，方便社会公众全方位了解保护地的资源情况。

(3)科普宣传

实现保护地资源宣传信息、生物多样性资源宣传信息的介绍，方便社会公众了解自然保护地及生物多样性知识。

(4)社区管理

对在自然保护地周边社区开展的活动、实施的项目等进行统一管理，对保护区开展的宣传展示、公众教育等活动进行统一管理，调动社区人员积极参与到保护地生态保护中来。

第 6 节　生物多样性保护管理系统建设

基于野生动植物调查监测工作，进一步摸清野生动植物资源底数，依托天空地人一体化感知体系，可对珍稀野生动植物、水文、土壤、环境因子进行全方位监测，结合林木生长情况等林相数据和生物库数据，建设生物多样性保护系统，记录、分析生物多样性变化情况、自然林修复恢复情况，为生态修复、生物多样性保护工作助力。

1. 名录管理

实现动植物名录维护管理，实现动植物目、科、种基本信息以及动植物简介、分布、科普信息的维护管理。

2. 动物监测

通过红外相机、动物项圈、视频监控等智能监控设备，实现野生动物资源实时监测。根据野生动物分布情况，选择主要的野生动物作为监测对象，调查兽类数量、年龄结构、成体雌雄比例，鸟类种类、数量，以及野生动物活动区域、地形地貌、植被类型。系统提供监测对象、监测内容信息的查询、录入、更新与维护。系统实现鸟类数据管理、两栖类数据管理、爬行类数据管理、兽类数据管理、野生动物及其栖息地受威胁状况信息管理、野生动物及其栖息地保护现状信息管理和野生动物分布区社会经济信息管理。

3. 植物监测

根据植被情况选择最具代表性的区域，设立样点或样带，定期监测森林起源、年龄、优势树种，植物的种类、数量，乔木的胸径、树高、郁闭度，灌木和草的平均高度、多度、盖度。系统提供样点、样带、监测对象、监测内容信息的查询、录入、更新与维护。系统实现样地数据管理、野生植物群落数据管理、乔木调查数据管理、灌木调查数据管理、草调查数据管理、蕨类调查数据管理和苔藓类调查数据管理。

4. 红外相机集成接入

实现红外相机设施设备的管理与集成，实现红外相机视频和图像信息的汇聚，可以实时查看红外相机监控信息，为野生动物资源的监测监管提供支撑。

5. 野生动物项圈集成接入

实现野生动物项圈设施设备的管理与集成，实现项圈信息的跟踪和数据汇聚，方便了解野生动物生存轨迹，为野生动物监测提供支撑。

6. 视频监控集成接入

实现重点野生动植物资源的视频监控集成管理，支持视频监控设备的接入、分屏显示、视频控制、抓拍、录像等；可以实时查看重点保护动植物的视频监控。

7. 查询浏览

实现物联感知数据和野生动植物资源数据的浏览和查询，提供资源分布查询定位、物种分布查询定位，可以快速地定位到某个物种；实现野生动植物资源数据的空间、属性条件查询及查询结果展示。系统主要包括植物查询和动物查询功能模块。

8. 统计分析

支持动植物种类、面积、数量等信息的统计，支持自定义动态统计条件的统计分析，实现对多粒度、跨存储单元数据的统计；统计汇总结果可表示成多种类型的图和表，并且可以输出成 Word、Execl 等多种格式。

第 7 节　天然林保护管理系统建设

严格落实国家以及自治区天然林保护修复制度，构建全面保护、系统恢复、用途管控、权责明确的天然林保护与修复管理体系，基于天然林区划落界成果，科学划定天然林保护范围和保护重点区域，实现全域天然林资源保护全覆盖，跟踪天然林用途、管护与修复过程，提升天然林资源保护与修复管理水平。

1. 工程管理

实现各级天然林保护工程项目信息的维护管理，规范天保工程项目业务流程以及档案资料的管理；支持工程项目信息的新增、修改、删除等操作。

2. 计划管理

计划管理实现全域天然林保护工程年度计划和任务管理，根据天然林保护工程的实施目标，由工程实施部门进行年度计划和任务的上报，区级管理部门对实施部门上报的计划和任务进行审核。提供任务计划总览、年度任务计划、实施方案管理、年度检查、年报、季报等功能。

3. 资金管理

资金管理实现天然林保护工程整个过程的资金的精准化管理。提供对计划资金情况、资金拨付情况、资金到位情况和资金使用情况等的浏览查询和统计功能；提供计划资金管理、资金拨付管理、资金到位管理和资金使用管理功能；实现对任务计划管理中计划使用资金按照林场、年度进行统计；支持按单位和年度统计资金的使用信息，并可对统计结果进行按年度查询和导出的操作；提供对项目实施过程中的违规违纪行为进行登记。可对拨付资金、到位资金、违规违纪资金按年度和单位进行统计，并可对统计结果进行分析和导出。

4. 森林管护

森林管护是对天然林保护工程中涉及的人员信息、管护合同、所站建设、设备购置、资金使用情况等信息进行维护，实现森林管护的查询和管理，对天然林管护资源进行统一管理，方便开展森林管护的相关工作，提高天然林保护成效，为天保工程各级检查(复查)提供支撑。提供森林管护信息的统计分析，并以图表的形式展示出来。

5. 森林抚育

森林抚育是对天然林保护工程森林抚育项目的信息进行维护，包括天然林抚育项目信息的录入、增加、删除和修改等，并对项目的业务流程进行管理。可以对森林抚育项目资金使用情况进行管理；能够对资金和森林抚育完成面积进行统计分析，并以图表的形式展示出来。

6. 退化林修复

退化林修复是对天然林保护工程退化林修复项目的信息进行维护，包括退化林修复项目信息的录入、增加、删除和修改等，并对项目的业务流程进行管理。可以对退化林修复项目资金使用情况进行管理；能够对资金和退化林修复完成面积进行统计分析，并以图表的形式展示出来。

7. 人员管理

人员管理是对天然林保护工程中涉及的人员信息进行维护管理，主要包括人员总览、人员管理情况、职工离退休情况、一次性安置人员情况、岗位调动情况、单位调动情况、组织机构管理等，并提供人员相关信息的统计分析，可按工龄、年龄、性别、政治面貌、文化程度、民族、职称对人员作出分类统计，并以图表形式展示出来。

8. 基础设施管理

实现天保工程区的基础设施管理，支持基础设施图形和属性信息的添加、删除、修改等操作，支持基础设施的分类管理，能够对各类基础设施进行汇总统计。

第 8 节　生态公益林保护管理系统建设

依据“总量控制、区域稳定、动态管理、增减平衡”的管理机制，建立生态公益林动态调整体系；对纳入中央财政森林生态效益补偿的公益林实施最严格保护，加强生态公益林管护队伍建设，提升生态公益林保护水平；全面落实生态公益林补偿政策，建立生态公益林补偿台账，实现生态公益林补偿资金发放过程及结果全程监管，提升补偿资金管理水平。

1. 地图管理

实现基于地图的公益林数据的浏览，能够查看行政区划图、森林资源分布图、公益林分布图等各类专题图。提供多种方式数据浏览，主要包括政区定位、坐标定位、放大、缩小、全图、漫游等浏览功能。

2. 综合查询

通过图形和属性方式实现对公益林相关信息的查询，主要包括对区划情况、小班因子、分户信息、管护信息、补偿情况等信息的查看。

3. 区划调整

以公益林小班图形为基础，实现公益林界定信息维护，以及因各种原因对公益林图形及关联信息进行更新调整。界定信息维护以公益林区划界定为核心内容，实现公益林从未界定到界定的业务流程。公益林数据更新以各类公益林业务审批为基础，通过关联审批结果，为界定信息完整的公益林数据提供图形编辑（新增、删除、调整）以及界定信息维护。

4. 资金管理

依据国家级、地方级生态公益林资金申请到账支出的相关规定，为各级林业和草原部门提供全面的资金管理功能，具体包括资金计划、资金到账、资金支出使用以及使用标准资金管理功能。

5. 资源管护

依据生态公益林管理的相关政策规定，结合当地具体情况，对生态公益林中责任主体、护林员、管护合同等信息进行管理维护（录入、修改、导出），同时还提供合同提醒、年度检查等功能，方便管理部门开展日常工作。

6. 补偿兑现

依据公益林基金补偿的相关政策规定，通过各类汇总功能辅助公益林业务人员落实生态公益林基金的补偿兑现，具体包括补偿兑现人管理（导入、编辑）、账号信息导入、联户委托书管理（录入、编辑）、兑现花名册（小班、补偿兑现对象）、未兑现情况登记。

7. 业务审批

业务审批模块结合小班图形和属性，实现资源小班转化为公益林小班。系统提供了通过两种不同途径将资源小班转化为公益林小班过程的查询功能等，实现储备库和布局优化方案的转化调整，包括储备库、布局优化调整方案、区位调整、公益林面积控制和征占项目备案等。

8. 台账管理

针对公益林经营管理中产生的各类业务信息，通过台账的形式由各级林业和草原部门记录，从而全面地掌握公益林年度经营管理情况。

9. 统计汇总

按照统计汇总的要求，实现按照政区级别、年度及各种分类如权属、地类、生态分区、林种等条件进行分类统计，也可以对行政区建立分组，按照分组进行统计，统计结果以报表信息展现。

第 9 节　古树名木保护管理系统建设

实现古树名木、古树群数字化管理，跟踪古树名木日常监测、养护、复壮过程，提升古树名木保护管理水平，为全域古树名木保护和管理提供科学决策，针对重点古树制作 VR 展示场景，同时结合古树名木历史文化内涵面向社会公众提供服务，助力古树名木科普宣传和文化旅游价值发现，形成古树名木生态旅游特色场景。

1. 一树一策管理

实现对古树名木一树一策信息的管理，以建立古树电子身份证，实现对古树名木和基金信息的管理，同时针对古树名木修复和日常管理需要，建立古树名木管理措施档案，为古树名木日常养护复壮提供支撑，同时实现古树名木二维码制作以及挂牌管理，为古树名木科普服务提供支撑。

2. 数据浏览

提供古树名木或古树名木群分布情况的数据浏览功能。主要包括切换浏览行政区划图或卫星影像图、古树数据，提供“I”键查询、地图全屏、清除、平移、放大、缩小、距离测量、面积测量等功能。

3. 数据查询

(1)查询定位

实现古树名木、古树名木群等数据的定位查询功能，支持列表数据的地图定位，叠加公共基础底图、行政区划数据、业务数据等图层，便于数据查询的直观化展示。

(2)查询结果导出

支持基于查询结果进行查询结果导出，可以将结果导出成 Excel 文件。

4. 生长势提醒

根据生长势(正常、衰弱、濒危、死亡)信息，就处于某种生长势(例如“濒危”)的树木及时提醒用户。

5. 养护复壮管理

基于一树一策措施，实现对养护和复壮过程的管理，支持对日常养护复壮信息的管理，包含养护复壮现状管理、养护记录管理、复壮工程管理、养护复壮提醒。

6. 认养管理

实现古树名木认养流程、认养信息的维护管理，满足公众服务应用需要。

(1)扫码认养

实现古树名木认养的申请，支持根据二维码进行古树名木的认养，通过扫描古树二维码信息查看古树基本信息，进行认养申请，同时填写认养基本信息，填写完成之后提交认养申请。

(2)认养审核

支持管理人员对古树名木认养申请进行审核，管理人员通过认养待审核列表信息(ILF)进行查询并审核，支持对审核通过后的古树名木认养列表信息的查看，审核通过后完成古树名木认养流程。

(3)认养信息展示查询

实现古树名木认养信息展示和查询，以统计汇总的方式展示全部古树数量、认养待审核古树数量、已认养古树数量和未认养古树数量总览，便于管理人员对古树认养情况进行直观化了解；支持查看古树基本信息详情。

7. 统计分析

实现古树名木的统计分析和专题展示，以饼状图、柱状图、折线图的展示方式，便于管理人员对古树名木的整体情况进行了解。

第10节　资源管护其他系统建设

1. 林草湿综合监测与评价系统建设

准确掌握林草湿资源的种类、数量、结构、分布、质量、功能、保护与利用状况，基于林草湿资源综合监测即时掌握全区林草湿资源消长动态和变化趋势，科学评价林草湿资源及其生态系统状况和变化趋势，为科学开展生态系统保护修复、林草资源监督管理、林长制督查考核，编制林草发展规划提供基础信息服务，为推动林草治理体系和治理能力现代化提供信息服务。

2. 林草湿监管与执法处置系统建设

面向林草违法专项执法行动和森林督查工作，结合中央及自治区生态环境保护督察，探索遥感、无人机、视频监控等物联感知终端，结合人工智能手段提升林草湿监管效率和预警防控能力，为打击破坏森林、草原、湿地、荒漠、自然保护地及毁林毁草开垦等违法行为提供技术保障，加强对执法全过程文字和音像数据的分析挖掘，充分发挥执法记录的规范执法监督作用和依法履职保障作用，构建多部门协同联合林草监管执法体系，加大执法监管力度，整体提升林草资源保护能力和水平，提高执法质量。

3. 林木种质资源管理系统建设

建立林木种质资源数据库，实现主要造林树种、重要乡土树种、优良草种、特色经济树种、珍稀濒危树种等种质资源数据的归集，将全区林木采种基地、良种基地、保障性苗圃、种质资源库落实到地图上，全面摸清全区林木优良种资源家底，加强林木种苗育、繁、推一体化管理，解决种苗供给不足等突出问题，构建林木种苗发展新格局，提高自治区林木种质资源保护管理水平。构建基于分布式标识的区块链种苗溯源体系，不断扩增量、优存量、提质量。

第6章

灾害防控系列应用系统建设

第1节　系列应用系统建设主要任务

1. 系统助推森林草原防火

搭建森林草原防火系统，从“人防”向“技防”转变，实现灾前、灾中、灾后全方位、一体化的预警监测和指挥调度，提高全域森林草原防火监测预警能力。

2. 系统助推林草有害生物防治

搭建林草有害生物监测与防治系统，实时监测林草有害生物发生、发展情况，实现松材线虫病源头监测、流通、除治等全过程流程化管理，为森林草原有害生物监测与防治提供决策支撑。

3. 系统助推野生动物安全

搭建野生动物疫源疫病管理系统，实现野生动物疫源疫病调查、预警、监管，降低区域内疫源疫病发生率。搭建人兽冲突监控预警系统，实现重点区域猛兽的监控，为野生动物保护以及人员安全提供预警信息。

第2节　森林草原火灾智能监控与预防处置系统优化提升

综合利用“天空地人”各类监测手段，提升森林草原火灾智能监控与预防处理能力。加强防火瞭望塔台、防火检查站、防火宣传车、防火宣传牌、防火宣传杆等防火基础设施资源管理。在全区森林草原火灾普查的基础上，实现全区森林草原火灾风险普查数据精细化管理，加强火源管理、野外用火管理，提升扑火指挥能力。能够与应急、气象部门相关系统进行对接集成，实现数据共享，及时发布预警信息，提高全域森林草原火灾预警能力。

1. 火情监测

通过遥感、视频监控、无人机、人工巡护等技术手段，实现森林火情的实时监测，确保森林火灾第一时间“打早、打小、打了”。通过天基监测收集的森林蓄积量信息，结合林分模型估算林区可燃物载量，并同时通过地面火险监测站的精确数据持续优化林分模型，实现可燃物载量计算。结合地面取样的可燃物含水率，天基监测调查的林区林木类型和分布，通过火险预报模型全面估算林区火灾风险等级。

实现24小时森林火险预报的展示，对不同区域划分不同火险等级，包括极度危险、高度危险、中度危险、低度危险、无危险、无数据6个等级；突出显示今日最高火险等级所在区域情况；同时可叠加显示森林资源分布图、林业站点分布图、气象六要素分布图等图层。

1）火情整体预报

（1）卫星云图

接收气象部门的原始卫星云图，叠加到电子地图上，可以作为底图使用，同时自动存储到系统中，作为存档数据使用。

（2）气候干旱综合监测

来自气象局的气象数据，按照干旱指数正常、轻旱、中旱、重旱、特旱对气候干旱情况进行综合监测。

（3）降水预报

来自气象局的气象数据，按照降水指数（特大暴雨、大暴雨、暴雨、大雨、中雨、小雨、没有雨）对降水情况进行预测预报。

（4）最高气温预报

来自气象局的气象数据，对数据处理后，生成最高气温预报图。

（5）最低气温预报

来自气象局的气象数据，对数据处理后，生成最低气温预报图。

（6）雷电监测

根据气象部门提供的雷电监测数据，对林区雷电进行报警，预防雷击火的发生。

（7）消息分享

根据气象信息和火险预报信息，生成预报信息快报，实现消息分享功能，一键式将预报信息快报发送给选定的人员。

2）火险局部预报

实现每小时森林火险实况等级图的展示，并且可以展现实时的温度、湿度、降水、风速专题图。

（1）24 小时降水实况

根据火险监测站的气象实况数据，综合气象局预报数据，进行 24 小时降水实况分析，并生成相应专题图。

（2）逐小时降水实况

根据火险监测站的气象实况数据，综合气象局预报数据，进行逐小时降水实况分析，并生成相应专题图。

（3）24 小时最高气温实况

根据火险监测站的气象实况数据，综合气象局预报数据，进行 24 小时最高气温实况分析，并生成相应专题图。

（4）24 小时最低气温实况

根据火险监测站的气象实况数据，综合气象局预报数据，进行 24 小时最低气温实况分析，并生成相应专题图。

（5）逐小时气温实况

根据火险监测站的气象实况数据，综合气象局预报数据，进行逐小时气温实况分析，并生成相应专题图。

（6）森林火险监测站

结合森林火险监测站感知数据，在电子地图上以站点形式展示森林火险监测站及监测数据，包括采集时间、温度、湿度、连续无雨日等。

(7)自动气象站

结合自动气象站感知数据，在电子地图上以站点形式展示自动气象站及监测数据，包括采集时间、风向、降水量、经度等。

(8)消息分享

提供一键式生成森林火险预警实况信息快报，分享即时通信的功能。

3)遥感监测

基于气象卫星 Himawari-8，实现卫星遥感信息的集成接入，通过人工智能技术提取火点信息，实现森林火灾遥感监测，实时掌握森林资源现场火灾情况。

4)视频监控

基于国标视频监控接口，实现森林防火视频监控设备的集成接入，实现森林防火视频监控设备的集成展示，便于实时掌握视频监控范围实际情况，对火情确认、扑救指挥调度提供支撑。

5)无人机监测

实现无人机设备的集成接入，通过无人机设备监测森林火灾情况。

6)人工巡护监测

支持巡护人员信息集成接入管理，实现森林资源火灾全方位监管，巡护人员发现火灾及时进行上报，便于管理人员实时掌握森林资源现状，及时进行火灾处置、指挥调度，确保资源安全，提高森林资源监管水平。

7)监测数据展示

(1)热点分布

通过电子地图将各来源的热点进行全方位展示监测，实时展示 24 小时热点信息，一张图网罗所有关注目标数据。

(2)热点反馈

核查完热点后，可进行热点类型的反馈。

(3)热点数据跟进

可通过简短信息，跟踪热点处理进度。

(4)消息推送

可根据责任制热点划分，一键式通知负责人进行排查，并自动推送相关监测热点至值守人员和巡山护林人员移动终端。

根据汇报对象的不同，生成不同的内容。可通过即时通信平台、短信平台、政务微信等多种方式进行转发。

(5) 自动报警

系统根据辖区、责任制热点、角色对未反馈、待核查数据自动报警。

(6) 卫星热点审核

可在系统中完成热点核查内容的审核和确认。逐级审核通过后的数据，才可通过数据服务同步到国家森林防火统计系统。

(7) 热点历史数据

支持连续火的热点叠加，历史监测着火点自动绘制工作。

(8) 统计报告

根据用户日常数据统计及工作要求，可通过条件筛选，自动生成表格数据，包括热点核查快讯、林火卫星监测热点统计表、气象卫星林火监测核查情况表等。

2. 资源管理

利用大数据技术、可视化技术动态展示防火业务信息，主要用于森林防火日常值守、火情信息管理、扑救队伍管理、防火设施和救火物资管理、防火基础数据维护等。

1) 日常管理

(1) 文献管理

通过文献标题、日期、类别、部门、所属部门、浏览等级等信息对文件进行统一的管理，支持全文索引。

(2) 应急机构

对森林草原防火指挥部指挥长、成员、应急管理局办公室成员的联系方式进行管理。

(3) 应急预案

将森林防火条例、市县级森林草原火灾应急预案数据进行管理。火场可根据预案相关信息，自动启动预案并根据预案要求实施。

(4) 火灾档案

创建标准的火灾档案采集模式，对火灾的基本信息、扑救力量投入、损失情况、伤亡信息进行管理。要求所采集数据可自动生成森林防火月度报表信息，并自动接入国家森林防火统计系统。

(5)防火知识库

对防火大事记、标准规范、防灭火知识进行管理，支持全文检索。与政务应用的知识库管理平台防灭火知识实现数据共享。

(6)防灭火责任状

防灭火责任状包括责任人基本信息、责任状电子化信息和责任状失效提示信息。结合森林防火预案，发现火情后，可通过系统第一时间定位到防灭火责任人，防火责任人可通过上报责任状实现电子化管理，若责任状失效自动提示，系统内提示后，也将根据责任人的联系方式发送给责任人。

2)防火专题管理

(1)居民点信息管理

依托地理信息公共平台，获取居民点信息、大数据管理局提供的人口基础信息进行组合出图，为分析、研判撤离方案提供数据支持。

(2)扑火队伍管理

扑火队伍管理包括专业队伍、半专业队伍和航空护林队伍信息的管理，并根据队伍人数统计分析图表。

(3)预警监测信息管理

预警监测信息管理包括视频监控点、瞭望塔、自动气象站、电信设施、望远定位仪、瞭望定位盘、林业管护站、高倍望远镜、可燃物因子采集站、驻勤点等信息的采集和管理。

(4)航空护林信息管理

航空护林信息管理包括航空护林站、民用机场、野外机降停机坪、直升机灭火取水点、地面取水储水池、直升机起降点等信息的采集和管理。

(5)基础设施管理

基础设施管理包括专业队营房、常年检查站、临时检查站、加油站、物资储备库等信息的采集和管理。

(6)阻隔系统管理

阻隔系统管理包括工程阻隔带、自然阻隔带、组合阻隔带、生物阻隔带等信息的管理。

(7)重点区域及对象管理

重点区域及对象管理包括高危火险区、重点防火对象等数据的管理。

3. 指挥调度

综合运用遥感、无人机、视频监控、北斗导航等技术，在防火资源数据库的支持下，实现森林火灾扑救指挥，涉及各级行政单位、通信车（大、中、小型通信车）、航站、瞭望塔及单兵等多个节点，每个节点包含通信、视频会商、调度指挥等多个分系统，每个分系统内包含多个子系统。各节点均以通信分系统为主，其他分系统的功能依托于通信分系统实现。全面提高森林防火管理现代化水平，可为科学决策提供依据、降低火灾损失提供技术支撑。

1）辅助决策

（1）WebGIS 二、三维一体化基础功能

支持常规手势下二维、三维电子地图数据的显示、切换、放大缩小、坐标多次定位、截图打印、地图量算、实时显示鼠标经纬度坐标、图层叠加与显示等功能。

（2）火场管理

能自动接入“葵花 8 号”、自动同步国家预警监测中心发布的卫星热点信息、自动接入报警平台和人工报警平台的火点信息，快速定位火灾发生地。

地图自动叠加火情监测系统林火数据，可通过林火数据一键式生成火灾。也可通过鼠标绘制当前火场轮廓、起火点，快速构建火场。因不同时间的火场状态不同，要求火场信息可多次保存跟进和修改。

（3）智能分析

气象分析：一键式分析火场周边的实时天气情况，要求具备天气、温度区间、风力风速、相对湿度等信息，并可按需加载实时的风场数据、气象云图、天气预报等信息。

植被分析：一键式分析火场发生所在的小班信息；自动计算火场面积、受害森林面积；林分组成、幼林株数等信息，实时核算受害情况；按需加载林种、林相图。

蔓延分析：结合火场实时气象数据与地理信息数据，综合影响因子（风速、风向、温度、湿度、坡度、坡向、道路、水系、人工隔离带等），通过智能分析，动态模拟火灾设定时间内的蔓延态势，为指挥员下达扑救命令提供支持。

行进路线分析：可在地图上进行定位，点选起止点，结合支撑平台提供的路网数据进行行进道路建议。

灾损分析：根据火场轮廓，集合资源数据，自动计算火场面积、火场受害森林面积。

(4)周边分析

火灾威胁一张图：利用地理空间数据分析，针对森林火灾可能危及的林区高危及重点保护目标，包括林区易燃易爆仓库、加油站、重要企业、关键基础设施、居民地、旅游景点、森林火灾高危区、森林火灾高风险区，分析火场周边5 km、10 km、20 km内等自定义50 km内的各类目标，生成影响范围内目标清单。

人员撤离一张图：利用地理空间数据分析，针对森林火灾可能危及的林区高危及重点保护目标，选取安置点后，一键式生成撤离方案及耗时，为辅助决策提供支持。

扑火资源一张图：利用地理空间数据分析，针对森林火灾可以调用的地面资源，包括扑火队伍、物资储备库、森林防火指挥部、视频监控点、取水点等，分析火场周边5 km、10 km、20 km内等自定义50 km内的各类目标，动态罗列可视域范围内所有扑火队伍到达火场的路线及耗时，给出调动队伍参考方案。

航空护林一张图：利用地理空间数据，针对森林火灾可以调用的各种航空扑火资源，包括扑航空护林站、航空护林队、停机坪、吊桶灭火取水点等，分析火场周边5 km、10 km、20 km内等自定义50 km内的各类目标，自动给出吊桶取水方案及飞行路线规划。

(5)火情快讯管理

根据火场动态填报的各类信息及各种智能分析结果，按照国家预警监测中心现行火情快讯模板一键式生成。

(6)态势标绘管理

二、三维态势标绘：标绘的内容包括不同状态下的火点、火线、火场面数据；集合不同的箭头和文字标注，如指挥部、扑救队伍、飞机车辆、基础设施、危险区等描述火场的扑救力量、调用资源及要转移和规避的危险区域；能在二维地图模式下以动画的方式展示火场、扑火队伍的部署、飞机的飞行路线、隔离带的开采等信息。

标绘出图：态势标绘模块可绘制火场态势图、火险区预案图、扑救力量分布图，将火场动态进行更直观的展示，并可将文件进行导出。

标绘克隆：态势标绘的内容可进行复制操作，绘制成果可以进行二次编辑。绘制的内容可自动同步到火场前线指挥员的平板上。

(7) 位置监控

能与基础支撑平台轨迹回传对接，获取各数字对讲手持机、车载台的 GPS 坐标信息，通过时间、终端等信息过滤，在地图上显示实时位置、历史轨迹信息。

(8) 视频通信

依托基础支撑平台提供的融合通信服务，可实现系统和前线指挥中心的即时通信。

(9) 事件线管理

对每个分析、操作结果可进行编辑、追加附件、存档操作，以新闻事件的方式，快速对火场动态进行跟踪报告。

2) 历史火灾显示

综合管理火灾发生后的全过程数据，能以时间线的方式进行动态显示，包括各类分析结果、火灾动态、火灾态势、位置轨迹等。

3) 移动前置平板应用

(1) 火场同步

支持和系统火灾、火场面、态势数据信息的双向同步。

(2) 火场概况

能自动获取“森林草原防灭火应急调度指挥平台”启动的预案、火场实时天气、领导指示等信息，能将火场最新的情况进行双向同步，并进行实时显示。

(3) 智能分析

支持火场天气分析、火行为分析、周边分析、路径分析等功能。

(4) 平板标绘

在平板上以点、线、面等形式进行数据绘制和管理，并提供态势图导出及打印功能。

(5) 视频监控

在地图上展示火场周边 20 km 的视频监控点，并可查看实时画面。

(6) 位置监控

能与基础支撑平台轨迹回传对接，获取各数字对讲手持机、车载台的 GPS 坐标信息，通过时间、终端等信息过滤，在地图上显示实时位置、历史轨迹信息。

(7)视频通信

依托基础支撑平台提供的融合通信服务，可实现系统和前线指挥中心的即时通信。

4. 灾后评估

结合造林绿化小班和森林资源小班信息，对森林火灾之后的损失情况进行评估和分析，形成初步的灾后评估值，供决策部门参考使用。

(1)火点缓冲区评估

以已有的火点为中心，以输入的缓冲区范围为半径，对范围内的林地面积、林木蓄积量进行灾害评估的计算，最终以饼状图表的形式显示。

(2)绘图评估

导入GPS数据，根据GPS数据形成灾害评估的区域，对范围内的林地灾害评估，自动计算过火面积、过火日期、过火时间等，并根据林相图计算出森林资源损失，供决策部门参考。

5. 火灾档案

实现森林火灾信息数字化管理，对每一起森林火灾都要建立电子档案。电子档案将收录有关火灾的接警信息、热点信息、处置信息、反馈信息、火场信息、火灾损失信息、归档信息等内容。

(1)火情管理

基于国家下发及视频监控捕捉到的疑似火点，实现火情信息的维护管理。

(2)火情判定

结合火点定位位置数据判定是否落入林区，对于落入林区的疑似火点，通过调度护林员或视频监控设备进行火点的判断。

(3)火情预警

人为确定是火情的信息后，系统自动进行消息发送，通知相关人员。当接收到火警信息时，读取所有附近的GPS手机，自动发送报警短信给相关管理人员和附近的森林防火人员的手机，相关人员应迅速响应以实现森林防火打早、打小的要求。

(4)火情档案

实现火情档案数据的管理，支持火情的统计分析，能够按照年、月、周、日统计报警时间、报警级别等信息，并能调取相应的视频、录像和图片资料。

第 3 节　林草有害生物监测与防治系统建设

基于遥感、无人机、地面监测站点等物联感知设备，实现林草有害生物多尺度、立体化监测，建立各级林草有害生物监测预警网格，实行林草有害生物监测与防治网格化管理，落实各级生物安全责任目标与网格融合。加强松材线虫病检疫防御机制，建立检疫信息数据库，实现松材线虫病源头监测、流通、除治等全过程流程化管理。强化青杨天牛、春尺蠖、小蠹虫、杨柳树腐烂病等重点有害生物社会化监测及联防联控，支持社会公众参与上报，全面提高林草有害生物监测与防治水平。

1. 有害生物分布

基于电子地图基本功能，通过叠加资源数据与病虫害专题数据，直观显示林草有害生物在全区的分布情况。为方便查询浏览，系统提供林草有害生物信息的查询浏览，以及有害生物分布图、危害程度分布图、诱虫灯分布图和诱捕器分布图等。

2. 监测调查

实现林草有害生物的监测调查，即通过标准样地调查和定期定点观测等调查方式，借助外业调查软件，实现林草有害生物的普查。系统支持有害生物发生的位置、种类、面积、受灾情况的维护管理。

3. 防治管理

基于制定的防治规划方案进行防治规划、防治效益估测及信息维护管理，主要包括特定的病虫害发生信息进行防治信息的录入，包括林草有害生物防治调查信息的录入、林草有害生物防治效果信息录入及根据防治调查信息进行防治作业设计与备案，并对防治方案进行维护管理，提供防治方法查询及库存管理等。

4. 检疫管理

检疫管理，即实现产地检疫、调运检疫、复检全面监控，实现对检疫性有害生物全方位监控，确保森林生态安全，主要包括机构管理、检疫信息管理等功能。

5. 综合管理

实现林草有害生物相关项目管理、人财物管理和灾害损失评估等功能，为提高林草有害生物监测效率和效果提供支撑。

6. 松材线虫病监测

实现松材线虫病专项监测调查与防治，利用无人机技术、人工巡护、遥感技术进行松材线虫病监测。

7. 美国白蛾监测

实现美国白蛾专项监测调查与防治，提供美国白蛾疫区管理，支持对调运苗木的检疫管理，以及对发现疫病的苗木处置管理等。

第 4 节　野生动植物疫源疫病监测管理系统建设

构建野生动植物疫源疫病监测网络，实现国家级野生动植物疫源疫病监测站、检验检疫设施设备管理；针对重大疫情建立疫源疫病监测直报制度，实现疫源疫病的跟踪处置。同时，加强边境地区外来生物安全风险防控，强化野生动植物疫源疫病业务人员管理，以提升检疫信息化管理水平，全面提高检疫御灾能力。

1. 动物信息管理

实现野生动物信息的维护管理，包括兽类、鸟类、两栖类、爬行类、鱼类等分布信息、基本信息和图片信息的维护管理。

2. 植物信息管理

实现野生植物信息的维护管理，包括植物群落分布信息、基本信息和图片信息的维护管理。

3. 流行病管理

（1）动物流行病

实现野生动物流行病管理与维护，如兽类流行病信息（ILF）、鸟类流行病信息（ILF）、两栖类流行病信息（ILF）、爬行类流行病信息（ILF）、鱼类流行病信息（ILF）等各类动物流行病信息的录入、编辑、删除、查询、详情查看等。

（2）植物流行病

实现野生植物流行病管理，支持乔木流行病信息、灌木流行病信息、草流行病信息、蕨类流行病信息、其他类植物流行病信息的录入、编辑、删除、查询、详情查看等。

4. 监测点管理

（1）动物监测点

实现野生动物监测点、监测人员、监测设备等信息的维护管理。支持监测点、监测人员、监测设备等信息的录入、编辑、删除、查询、详情查看等。

（2）植物监测样地

实现乔木监测样地信息、灌木监测样地信息、草监测样地信息、蕨类监测样地信息、其他类植物监测样地信息、植物监测人员信息、植物监测设备信息等信息的维护管理。支持各类野生植物监测样地、监测人员、监测设备等信息的录入、编辑、删除、查询、详情查看等。

5. 疫源疫病监测

实现野生动植物疫源疫病信息的监测管理，包括疫病的名称、疫病传染源、发病过程、生物学特性、治疗方法等信息的维护管理。主要包括日常监测、重点监测和信息上报等功能。

第5节　灾害防控其他系统建设

人兽冲突监控预警系统。基于红外相机和远程视频监控，实现重点区域猛兽的监控，为野生动物保护及人员安全提供预警信息。对于重点保护动物、猛兽、旗舰物种，可以通过北斗定位跟踪设备掌握物种的活动轨迹，一方面有助于掌握物种的生活习性，另外一方面可实现轨迹跟踪管理，对于进入人类活动区域给予预警提醒，有助于减少人兽冲突的发生，有利于开展保护措施和科学防范。

第 7 章 国土绿化系列应用系统建设

第 1 节　系列应用系统建设主要任务

1. 系统助推国土绿化

搭建造林、种草等系统，对国土绿化工程进行核查和监督，及时掌握工程建设现状和发展动态，从根本上解决“林子造在哪里”“草种在哪里”“精准提升在哪里”等问题，实现精细化管理。

2. 系统助推沙化土地治理

搭建防沙治沙工程综合管理系统，实现沙化治理措施和成效的跟踪管理，提升沙化土地治理监管水平；对重点防沙治沙工程规划、计划、实施及成效进行全流程跟踪管理。

3. 系统助推碳汇监测评价

搭建林草碳汇监测评价系统，实现林草碳储量资源分析评价，全面掌握全区碳储量现状、变化、分布、结构及潜力，为落实国家“碳达峰”“碳中和”贡献林草力量。

第 2 节　造林绿化落地上图系统建设

实现造林绿化从规划计划、作业设计、实施进度、检查验收各环节一体化管理，将规划计划、作业设计、实施成果全上图，真正做到“精准到小班、管理到地块”，实时掌握重点区域造林绿化、城乡绿化美化及森林质量精准提升情况，科学评估造林绿化建设效益，为造林绿化绩效管理提供科学依据，为造林绿化高质量发展提供保障支撑。

1. 造林规划

根据林地及森林资源情况，结合培育目标、自然地理条件、现有森林资源状况等，进行宜造林地的筛选以及营造林措施选择，做好造林模式规划，为造林计划提供支撑。

(1) 宜造林地筛选

按照筛选规则，从林地一张图小班数据中选出宜造林地小班进行造林规划，形成造林规划预选小班；退化林修复预选小班。并对宜造林地小班进行快速统计，支持对宜造林地小班信息的维护管理。

(2) 宜造林地等级划分

根据土层厚度，将宜造林地小班划分为一级、二级和三级，进行宜造林地专题图展示，实现宜造林地专题图维护管理。可通过地图清楚地展示不同宜造林地级别的分布情况。

2. 计划管理

实现新造林、抚育、封山育林等营造林计划编制和下达管理。年度营造林计划依据营造林规划和年度采伐计划实行“自上而下、上下结合”的方法编制，并逐级上报。营造林计划下达管理主要依据上级下达的营造林计划，进行逐级分解落实。

3. 工程管理

实现营造林工程信息的维护管理，并能按照各类重点工程实现营造林小班的管理与维护。主要包括工程管理、项目管理和项目档案管理等功能模块。

4. 作业设计管理

按照营造林作业设计管理要求，实现营造林作业设计小班、营造林作业设计信息数据的管理与维护。主要包括作业设计管理、作业设计数据导入和作业设计数据导出等功能模块。

5. 自查管理

实现营造林和封山育林自查管理，按照营造林检查验收管理要求，基于内外业一体化手段，实现营造林和封山育林小班区划上图，实现营造林检查和封山育林检查信息维护管理，一方面满足全域营造林业务管理需要，另一方面也能与国家造林绿化落地上图业务无缝集成。

6. 核查管理

按照自治区造林核查管理要求，实现核查小班信息的管理与维护。主要包括造林核查图斑管理、造林核查图斑数据导入和造林核查图斑导出等功能模块。

7. 查询统计

实现营造林工程、作业设计、自查及核查情况查询统计，能够按照统计成果要求，实现各类成果的统计分析。

第 3 节　国土绿化其他应用系统建设

1. 草原修复精准治理系统建设

实现草原围栏、草原改良、人工种草等草原修复治理措施精细化管理，加强遥感、无人机、电子围栏、物联网等智能感知设备在草原修复治理中的应用与跟踪管理，科学评价草原修复治理成效，提高草原综合植被覆盖率和生物量，提升草原生态功能和生产能力，赋能国家草原生态修复示范区建设。

2. 防沙治沙工程综合管理系统建设

科学布局沙化土地治理区域，实现沙化土地治理措施和成效的跟踪管理，提升沙化土地治理监管水平；对重点防沙治沙工程规划、计划、实施及成效进行全流程跟踪管理，科学评价工程投入产出生态成效，为防沙治沙、改善沙区生态环境，履行《联合国防治荒漠化公约》提供科学决策依据。

3. 林草碳汇监测评价系统建设

整合分析林草综合监测成果，完善林草碳汇模型及计量体系，实现林草碳储量资源分析评价，全面掌握全区碳储量现状、变化、分布、结构及潜力，同时结合全区国土绿化实施动态，为林草碳汇项目开发、监测、交易提供科学依据，为落实国家“碳达峰”“碳中和”贡献林草力量。

第 8 章

民生服务系列应用系统建设

第 1 节　系列应用系统建设主要任务

1. 系统助推林草产业发展

搭建林草产业、生态旅游、生态文化服务系统，将新一代信息技术与林草产业、生态旅游、生态文化宣传深度结合，推动林草改革，服务林草产业发展，助力生态旅游，传播生态文化，实现林草产业提质增效。

2. 系统助推林木种苗交易

搭建林木种苗交易服务系统，提供林木种苗供应、求购、交易和结算一体化服务，发布林木种苗交易动态、政策法规，建立林木种苗企业名录，跟踪和分析交易趋势，实现林木种苗全产业链的互联互通。

3. 系统助推碳汇交易

搭建林草碳汇交易服务系统，科普碳汇知识，发布政策法规，跟踪最新行情，提供碳汇资源供应和求购信息，实现碳汇交易的在线跟踪管理，为企业碳中和、大型活动碳中和线上交易等提供服务。

第 2 节　林草产业大数据服务系统建设

实现林草种苗、特色经济林、林下经济、沙产业、生态旅游、森林康养和生态草产业等林草产业信息化管理，以及林草产业龙头企业的管理，通过图片、视频、文字等方式展示林草产品，为社会公众、企事业单位提供林草产业服务，从而推动林草产业高质量发展，助力乡村振兴。

1. 产业信息管理

能够对营林产业、木材生产、林产工业、种植业、森林食品、草原产品、森林旅游业的产业信息管理。

2. 产业动态

产业动态包括产业新闻、市场动态、科技创新、经营主体、龙头企业和科普园地等栏目。

3. 通知通告

发布各种公共信息如公告、通知等。结合短信服务系统，判断短信内容与格式及发送时间，实现短信的接收与发送功能。

4. 政策法规

包括林草相关法律法规、政策信息的发布及林草产业相关的制度性文件信息的发布。支持文件的上传下载，根据用户权限控制实现政策法规相关文件的上传及下载功能的分配。

5. 供求平台

发布林草产品的供求信息、可以出售的产品及价格信息等。主要包括供求信息展示、市场分析、供求信息通告、联系我们及信息备份。

6. 产业分析评价

对林草产业系统的脆弱性、产业综合竞争力及林草产业链的可持续性发展进行综合评价，并验证评价结果的科学性，然后对评价结果作深入分析以分析林草产业的演进规律和关键性影响因素，继而为后续策略的科学制定提供必要的定量分析依据。

第 3 节　民生服务其他应用系统建设

1. 林草生态旅游服务系统

运用大数据分析技术深入挖掘森林景观中的人文内涵，基于游客画像，精准匹配旅游资源，拓展森林生态旅游的广度和深度。以国家森林公园、国家湿地公园、国家级自然保护区、生态康养基地等风景资源为依托，通过 720°全景展示等数字创意漫游方式，全面推广森林、草原、湿地、自然保护区生态体验特种旅游产品，实现精品旅游路线管理，用信息技术优化景区管理工作，为游客提供智能化服务，提升旅行满意度。

2. 林草生态文化服务系统

强化信息化手段在林草生态文化宣传中的应用，借助图形/图像、AR/VR、人机交互等领域技术的协同和融合，全方位展示森林景观中的文化故事，并与社会公众联动，延续林草生态文化，形成文化典故。实现植树节、世界湿地日、世界野生动植物日、爱鸟周等节日活动的在线发布，方便社会公众及时掌握生态文化活动信息，通过互动交流，促进社会各界积极参与到林草生态文化发展中，增强全社会的生态文明建设意识。

3. 林木种苗交易服务系统

打造林木种苗供应、求购、交易、结算于一体的林木种苗交易服务系统，实现林木种苗全产业链的互联互通，为林农、林企及社会公众提供方便快捷的金融服务，及时掌握、发布林木种苗供需求预测、预报，为管理部门、林草企业、林农等涉林组织提供经营决策依据，推进林木种苗数字化改革工作有序开展。

4. 林草碳汇交易服务系统

通过碳汇项目申报、审核、校验全过程智能化分析，利用落地上图管理方式，展示林草碳汇项目的开发方法、经营权属、开发年度、审核备案、交易反馈等环节，有效回应林草碳汇开发交易中存在的“在哪里”“怎么来”“是否重复开发交易”等疑问，达到数据共享、数字赋能，实现经营主体碳汇可视化管理、智能化开发与精细化服务。

第 9 章

政务管理系列应用系统建设

第 1 节　系列应用系统建设主要任务

1. 系统助推林长制

以林长制绩效考核评价为切入点，搭建林长制智慧管理系统，实现多业务的融会贯通与协同服务；搭建护林员管理系统，实时掌握护林员工作情况及巡护事件，提高巡护监管能力，确保事件及时处置，助力林长制落地落实；搭建林草工作站管理系统，有效提升基层林草工作站管理能力。

2. 系统助推林草公众服务

搭建林草政务协同办公系统，实现对各办公要素的闭环整合，以及工作流、信息流和知识流的整合管理。搭建 App、微信小程序等多模式的公众服务系统，多途径普及林草政策法规，收集公众意见，增强公众爱绿、护绿意识。

3. 系统助推决策指挥

搭建林草大数据决策指挥系统，实现森林、草原、湿地、荒漠化土地、自然保护地、野生动植物、森林火灾、有害生物、林长制、国土绿化等核心业务指标展示，全面提升林草资源的态势感知能力、综合监管能力、形势预判能力和指挥调度能力。

第2节 林长制智慧管理系统建设

按照山水林田湖草沙系统治理要求，以林长制考核评价指标为导向，以林长制绩效考核评价为切入点，以推进森林资源保护为重点，以落实森林督查、退耕还林还草工程、封山育林工程、防灾减灾工程和防沙治沙工程任务为抓手，搭建林长制智慧管理系统，实现各类业务数据采集、传输、融合、评价，按照互联网+应用的创新模式，实现不同层级、相关部门、各类专业、多种业务数据的贯通融合与协同服务。

1. 数据汇聚

在生态文明建设的框架内，以全域森林资源数据为基础，叠加基础地理资料、多时空遥感影像，汇聚现实性资源调查成果、日常性业务管理信息，实现数据集中、安全、共享。

2. 网格管理

划分各级行政区网格，并落实到电子地图上，实现各级林长网格的无缝套合，以及林长及其责任信息实时联动。

3. 目标任务管理

基于林长网格，面向森林资源保护、生态修复、灾害防控等工作任务，实现责任目标维护管理和任务完成情况管理。

4. 事件管理

实现破坏自然保护地、乱砍滥伐、违法违规使用林地湿地、乱捕滥猎野生动物、乱采滥挖野生植物等事件信息的汇聚管理，并能根据各类事件的处理流程处理事件。

5. 考核评价

根据林长制责任目标完成及日常工作落实情况，由各级林业和草原局林长办、各业务处室及各级林长年度工作要求，逐级落实各级林长工作考核体系，并按照自评和上级考评方式逐级考核评价，完成各级林长的考核评价。

6. 实时监管

实时监管采用大数据可视化技术，将各类信息的宏观指标进行自动抽取，并在大屏终端上显示，方便各级林长及时了解林长制生态大数据的实时情况，为生态保护、应急处置、发展规划提供支撑。

7. 汇总统计

基于各类林业资源和专题数据，自定义设置对应的统计条件，进行数据统计和在线预览；支持数据统计结果导出。

8. 林长制数据采集 App

林长制数据采集 App 采用移动 GIS、北斗、遥感影像等技术实现外业林长责任制业务数据采集及维护管理，为各级林长提供电子工具，方便外业现场开展数据调查采集工作和照片及小视频拍摄，确保外业数据采集工作快速、高效进行；提供林长制业务数据采集及责任区任务调查核实，采集完成的数据直接上传到后台智慧管理系统，在业务开展中实现内外业一体化的工作模式。

(1) 工程管理

实现资源监测监管、营造林自查及其他业务应用工程数据信息的管理，实现工程的打开、创建、数据同步，为业务开展提供数据支撑。主要包括打开工程、新建工程和下载工程等功能模块。

(2) 地图操作

移动端提供地图切换、数据组织、数据权限控制、图层控制、地图浏览操作的功能，实现影像和巡护相关图层的叠加切换，方便巡护人员对管护区域等巡护相关数据的查看。

(3) 移动一张图

移动一张图主要针对生态空间一张图数据服务，按照移动应用业务需求进行一张图展示设计，方便管理者通过移动终端设备对全域森林资源、草原资源、湿地资源、沙化和荒漠化资源、野生动植物资源、自然保护地资源等各类核心数据进行一张图动态浏览。

(4)数据组织

实现林业资源数据的组织与管理，包含图层控制、渲染、标注，支持国家森林资源智慧管理平台数据的接入和使用，支持矢量数据一键透明，方便影像查看和数据采编。主要包括图层组织管理、透明度设置、渲染设置和在线影像加载等功能模块。

(5)网格管理

在移动终端将各级网格、人员、责任目标汇总显示，便于查看各级网格，了解网格信息、人员分布信息、责任目标信息及完成情况，并能根据日常任务落实情况即时填写任务完成情况，实现随时随地进行工作任务的上报。

(6)事件处理

在移动终端能够即时看到指定区域内林长、护林员及上级下发的各类事件信息，能够即时查看相关事件的基本信息，即时进行事件的分类确认和事件处置、事件督办，便于管理人员掌握、跟踪事件处理的全过程。

(7)任务管理

结合日常林长的工作职能，实现列表的显示，列表包含任务名称、任务类别、创建时间、任务状态等内容，能够按照任务类别、创建时间、任务状态进行排序显示。

第3节 林草政务协同办公系统建设

通过搭建林草政务协同办公系统，实现对各办公要素的闭环整合，达到工作流、信息流和知识流的整合管理，提高内部的沟通效率，加快信息传递速度，规范办公流程，增加林草行政机关信息量，保证信息准确度，提高办事效率，提升服务水平。

1. 公文管理

公文管理是以公文流转为核心，实现公文的收发、处理和管理的电子化体系，主要包括电子公文的起草或登记、审核、会签、签发、批阅、归档，以及过程的催办、反馈、查询、统计等。

2. 日常办公

日常办公主要提供各类日常事务的网络化办公，提高办公效率，促进部门之间、个人之间的信息共享和交流，提供的主要功能有会议管理、值班管理、考勤管理、请休假管理、工作管理、常用表格、其他事务审批等。

3. 信息服务

信息服务主要提供单位内部信息共享，主要包括电子公告、信息采编、信息审核、信息检索、规章制度、大事记管理、公共通讯录、常用资源下载。

4. 行政管理

行政管理主要是为了实现单位内部的办公用品管理、图书管理、车辆管理、网页签章管理等。

5. 人事管理

人事管理可以实现员工在线考勤和员工相关资料管理。通过定义人员信息、人事流程、绩效考核等，对员工全套的数据和详细的员工成长记录进行多方位的管理，主要包括工作培训、培训资料、工作表现、月工资表、部门管理、岗位管理和单位资质等。

6. 档案管理

档案管理支持档案基本信息的录入、添加附件、查询、借阅等。档案管理的建设要满足开放性原则，通过档案管理能够有效地对机构部门的人员档案、卷宗、文档及技术档案进行有效合理的管理与保存。

7. 常用资料管理

常用资料管理是实现常用资料的搜集、存储、分类、共享的工具。用户可以进行常用资料的查询，对具有更新权限的资料进行添加、更新和删除操作。系统为用户提供日常工作、出差及接待客人时所必需的常用基本信息查询功能，有效地提高了资料的可利用率。

第4节　林草政务一体化服务系统建设

针对广大人民群众对林草政务办理及相关业务知识普及的迫切需要，充分利用各种媒体，通过政务门户、微信公众号、小程序等多种方式实现林草信息的发布、信息上报、业务办理、互动交流，全面落实让数据多跑路、群众少跑腿，提升林草政务服务水平。

1. 问题咨询

公众有什么问题，或是有什么建议都可以通过问题咨询功能模块进行留言，实现公众之间的交流互动和信息反馈。

2. 科普宣传

通过文字、图片和视频等形式及时发布林草资源保护、科研动态、科研宣教信息及政策法规等宣传教育资料，让广大群众能够通过网络获取相关专业知识的培训，同时定时更新林草相关的科普知识，使其成为对外传递信息、保护林草资源的重要平台。

3. 公众投诉

建立公众投诉平台，对于林草资源人为破坏或违规行为，公众可进行投诉反馈，投诉信息会进入巡护系统，由巡护人员实地核查和发动公众一起对林草资源保护和建设进行监督，从而约束公众破坏林草资源的行为，增强公众的环境保护意识，促使大家树立尊重自然、顺应自然、保护自然的生态文明理念，在全社会形成爱护自然、保护自然、支持做好林草资源保护工作的良好氛围。

4. 微信小程序

开发微信小程序，向公众提供林草信息服务，进行林业宣教交互，建立公共监督机制，引导公众共同参与生态文明建设，监督全区林草资源保护成效，具体包括宣传展示、扫码查询、在线搜索、点评监督等功能。

第 5 节　林草大数据决策指挥系统

对标国家林草局林草生态网络感知系统，结合各级林草资源管护业务应用场景，构建森林、草原、湿地、荒漠化土地、自然保护地、野生动植物、森林火灾、有害生物、林长制、国土绿化等核心业务看板，通过知识库、规则库与人工智能算法的聚合，建立基于大数据的林草资源态势感知、全时全域监管与决策支持信息化机制，全面提升林草资源的态势感知能力、综合监管能力、形势预判能力和指挥调度能力。

1. 资源概况

资源概况主要是将各级行政区的森林资源、草原资源、湿地资源、沙化和荒漠化资源、野生动植物资源等整体现状，以及自然保护地的面积、数量、分布等，通过专题地图、统计图、统计报表的形式进行联动展示，可实现各级政区联动。通过资源详情可实现基于不同维度的资源统计展示效果，同时根据资源数据动态更新现状统计数值，使各级管理者都能及时了解管辖区域内的生态空间资源现状情况。

2. 二、三维展示

二、三维展示主要依托全区生态空间资源“一张图”综合数据库中的大量空间数据，基于 GIS 技术平台，结合高性能存储、云计算等技术，实现对生态空间资源基础数据、生态空间资源专题数据的“空间可视化”二、三维展示。可以实现各类生态空间资源数据叠加最新的遥感影像进行二、三维展示，支持二、三维切换、二、三维分屏动态展示等功能。

3. 数据查询

数据查询提供森林资源数据、草原资源数据、湿地资源数据、沙化和荒漠化资源数据、自然保护地数据、林业重点工程数据和古树名木数据等的查询，主要提供基于二、三维数据的查询和定位，二、三维场景地图一键查询、小地名查询、空间选择查询、属性条件查询、专题查询、坐标定位、书签定位、政区定位等数据通用查询定位，并支持结果显示功能等。

4. 数据分析

支持空间数据统计分析功能，可动态生成分析汇总报表；支持向导式数据统计汇总；可以自定义和保存统计规则，通过选择统计规则和统计对象可实现数据的统计汇总；可实现对多粒度、跨存储单元数据的统计；统计汇总结果可表示成多种类型的图和表，并且可以 Excel、jpeg 等格式输出。系统可以定制数据分析规则；支持对数据分析规则的定制；可以根据数据分析成果生成成果报告。系统具有空间分析能力，能够支持叠加分析、缓冲分析等常用空间分析功能；支持各类数据的统计分析，包括不同年度各地类面积趋势、演进分析服务，不同年度林地面积趋势、演进分析服务，不同年度历史数据对比分析等；可设置叠加分析条件和缓冲分析条件，进行叠加分析或缓冲分析。

5. 生态效益分析

生态效益分析实现各类重点工程对涵养水源、保育土壤、固碳释氧、积累营养物质、净化大气环境、生物多样性保护、森林游憩等各类生态效益的实物量与价值量进行核算与展示；提供模型管理，主要实现对各类生态效益评估模型进行展示与参数值维护。

6. 时空数据管理

时空数据管理是对各类生态空间资源数据的历史数据按照时间轴节点进行归档管理，基于多期资源档案，针对这些历史档案数据，提供历史回溯、数据对比分析等功能。

7. 林草资源专题图管理

林草资源专题图管理是基于森林资源、草原资源、湿地资源、沙化和荒漠化资源、野生动植物资源、自然保护地资源等各类核心业务数据进行林草资源相关专题图的动态展示，系统基于核心业务数据可实现专题业务数据的动态生成，支持专题图动态展示及专题图片导出。

8. 大屏展示

大数据云图面向大屏终端信息的展示，实现全区各类森林资源、草原资源、湿地资源、沙化和荒漠化资源、野生动植物资源、自然保护地资源、林业产业资源、林业重点工程等信息的展示，并统计汇总和进行数据分析。支持各级政区历史、现状，以及未来变化趋势汇总分析展示。系统基于林草资源历史和现实数据，基于统计分析数学模型，进行数据的深入挖掘，形成林草各项资源预测数据，为林草科研人员科学研究及领导辅助决策提供有力的数据支撑。

(1)资源监管大屏

资源监管大屏主要展示的是林业生态资源监测监管指标情况，主要包括森林覆盖率、草原面积、林地面积、湿地面积、荒漠化土地面积、生物多样性监测面积、变化图斑个数、森林督查图斑个数等。将资源监管关键指标放到一个统一的界面中呈现给决策者，全方位支持领导决策。

(2)灾害监测与防治大屏

灾害监测与防治大屏主要展示的是各级行政区域内林业生态资源灾害监测与防治指标情况，主要包括遥感火情事件、监控火情事件、防火监控数量、扑火队伍、防火塔个数、防火检查站个数、扑火队员、消防车数量、防火物资种类、林业有害生物发生面积、林业有害生物防治面积、林业有害生物种类等。将灾害监测与防治关键指标放到一个统一的界面中呈现给决策者，全方位支持领导决策。

(3)生态修复与保护大屏

生态修复与保护大屏主要展示的是各级行政区域内林业生态资源生态修复与保护指标情况，主要包括营造林任务、实际造林面积、造林成活率、造林投资、生态公益林面积、天然林面积、生态公益林资源种类、天然林基地个数、古树名木株数等。将生态修复与保护关键指标放到一个统一的界面中呈现给决策者，全方位支持领导决策。

(4)改革与产业管理大屏

改革与产业管理大屏主要展示的是各级行政区域内林业生态资源改革与产业管理指标情况，主要包括国有林场个数、碳汇储量、林产品种类、林业产业收入、花卉种类、花卉市场个数、花卉基地个数、森林旅游收入、森林旅游人数、林特产品、龙头企业数量、林业示范区个数、加工园区个数等。将改革与产业管理关键指标放到一个统一的界面中呈现给决策者，全方位支持领导决策。

(5)政务与公众服务大屏

政务与公众服务大屏主要展示的是各级行政区域内林业生态资源政务与公众服务指标情况，主要包括行政审批案件数量、林长人员、护林员人数、科普宣传情况、问题咨询个数、行政执法案件数量等。将政务与公众服务关键指标放到一个统一的界面中呈现给决策者，全方位支持领导决策。

9.统计报表

统计报表主要是基于平台的报表组件，构建面向应用支撑的各类生态空间资源数据的统计报表，可以实现森林资源、草原资源、湿地资源、沙化和荒漠化资源、野生动植物资源、自然保护地资源统计报表的自定义统计，支持政区级别设置，实现报表的动态统计，还可自定义报表规则，进行自由统计，同时支持 Excel 格式的统计报表导出。

第4部分

“空天地人”林草感知体系建设

第 10 章

空天地人一体化监测体系建设总览

第 1 节　建设主要任务

探索林草领域物联基础设施的数字化、智能化转型升级，适度超前部署下一代智能设施体系。统筹建设物联、数联、智联三位一体的数字林草感知网络，提升感知设施的资源共享和综合利用水平。

1. 利用云网融合新型算力设施

构建有机统一的政务云体系，充分利用云网融合的政务云新型算力设施，将云计算资源和网络设施有机融合，确保数字林草集约建设、节能增效。

2. 探索建设前沿移动互联体系

构建高速移动的互联体系，加快北斗系统、卫星通信网络、地表低空感知等空天网络基础设施的林草应用融合创新，实现云、网、端的融合协同。

3. 构建天空地人林草感知体系

构建物联数通的感知体系，以林草防火、林草湿资源管理、林草有害生物防治和野生动植物保护为重点，建立卫星遥感、航空摄影、地面观测、护林员巡护为依托的“空天地人”一体化监测体系，织密林草感知一张网，不断提升全方位、全时空智能数据采集能力，实现资源动态监测、精准保护和智慧监管。

第2节 “天空地人”林草感知体系建设重点工程

1. 以卫星遥感为主的天网建设

卫星遥感具有覆盖范围广、成本低、时效性好等优点，是资源调查、监测和灾害预警的重要信息来源。依托各级相关卫星遥感数据服务平台，充分整合国内外陆地遥感卫星和气象遥感卫星的数据资源，基于人工智能技术，对“高分”“资源”等系列卫星的高分辨率遥感影像进行变化检测，实现动态监测，服务资源调查；基于光谱信息，对“风云”“向日葵”等系列地球同步气象卫星的光谱数据进行计算，实现林草火灾、林草病虫害实时预警监测。

2. 以无人机为主的空网建设

无人机具有机动性强、时效性佳等优点，也存在技术要求高、航线限制多等缺点，有待进一步挖掘和探索无人机技术在林草精细化监测中的应用。机载可见光相机，采集高清无人机影像数据，为林草行政管理、森林防火、有害生物防治、林草资源监测和自然保护地监管等领域提供应用服务；机载激光雷达，实现树高、蓄积量等指标的自动获取；机载倾斜摄影，实现林草三维立体模型的构建；机载红外热像仪，实现野生动物保护。根据林草资源保护业务需要部署无人机终端设备，搭建无人机处理系统，实现林草资源的无人机监测。

3. 以视频监控为主的地网建设

地面感知系统具有实时、直观等特点，在林草灾害预警、林草资源数据采集等领域具有良好的应用前景。充分利用林区广泛分布的通信铁塔资源，布设视频监控等终端设备、整合扩展各类地面智能感知终端，织密监控网络，实现动态监测；对辖区内的防火监控进行全方位管理，实现林草火灾提前预警、精确定位、科学调度和及时处理；布设地面物联网感知设备、森林防火视频监控、自然保护地视频监控、红外相机、生态定位站、智能哨兵等物联感知设备，对重点区域的大气、水文、土壤、水质等生态环境因子进行监测，构建生态环境因子监测评价体系，对重点区域生态状况进行分析和研判。

4. 以护林员巡林护林为主的人网建设

各类护林员构成林草资源保护的重要“神经网络”，让数据采集者依托护林员队伍获取第一手资源数据。依托移动智能通信设备，充分发挥护林员巡林护林作用，第一时间发现问题，及时跟进解决，提高林草灾害监测预警能力，强化资源保护。

第 11 章

数字林草卫星遥感监测体系建设

遥感(remote sensing)，可理解为“遥远的感知”，指运用传感器探测物体的电磁波辐射、反射特性等，远距离探测目标地物。卫星遥感(satellite remote sensing)，利用装载在卫星上的遥感器收集地物目标辐射或反射的电磁波，广泛应用于林业、农业、海洋、国土、环保、气象等领域。数字林草卫星遥感监测体系建设包括数字林草常用遥感卫星的接入和多应用场景下的分析与实施。

第 1 节　数字林草常用遥感卫星类型

遥感卫星主要包括气象卫星、陆地卫星、海洋卫星等，数字林草主要利用气象卫星、陆地卫星的观察数据，其中气象卫星包括“风云”气象卫星、“向日葵”系列气象卫星，陆地卫星包括 Landsat 系列陆地卫星、中巴地球资源卫星、中国“高分”系列卫星、EOS 系列卫星等。

1. 气象卫星

气象卫星主要用于云量大小、云顶高度、云分布、海洋表面温度、对流层上部水蒸气分布及辐射平衡等方面的测定和研究。数字林草主要利用“风云”气象卫星、“向日葵”系列气象卫星观测云量、大气温度、地表温度、湿度、植物生长状况等，广泛应用于林草防火及扑救、林草病虫害防治、植物生长状况评估等。

(1)气象卫星类型

气象卫星可分为地球同步轨道气象卫星和太阳同步轨道气象卫星。地球同步轨道气象卫星采用定点观测的模式，卫星的轨道周期等于地球在惯性空间中的自转周期(23 小时 56 分 4 秒)，且方向与之一致，卫星在每天同一时间段星下点轨迹相同，卫星与地面的位置相对保持不变。太阳同步轨道气象卫星采用定期观测的模式，太阳同步轨道是指卫星的轨道平面和太阳始终保持相对固定的取向，轨道倾角(轨道平面与赤道平面的夹角)接近 90°。

地球同步轨道气象卫星运行在地球同步轨道，轨道高度 36000 km，绕地球一周需 24 小时，卫星公转角速度和地球自转角速度相等，相对于地球似乎固定于高空某一点，故能观测 1/4 地球面积，由 3~4 颗卫星形成空间监测网，对全球中低纬地区进行监测，对某一固定地区，每隔 20~30 分钟获取一次资料，可作为通信中继站，用于传送各种天气资料，如天气图、预报图等。

太阳同步轨道气象卫星运行在近极地太阳同步轨道，轨道高度 800~1600 km，南北向绕地球运转。扫描东西宽约 2800 km 的带状区域，卫星要在两极附近通过，又称为近极地太阳同步卫星轨道。

(2)气象卫星特点

气象卫星具有以下特点：

①短周期重复观测。地球同步轨道气象卫星具有较高的重复周期，约 0.5 小时/次；太阳同步轨道气象卫星具有中等重复覆盖周期，0.5~1 天/次。总的来说，气象卫星重返周期短，有利于对地面快速变化的动态监测。

②成像面积大，轨道数量要求少。气象卫星分辨率较低，有利于获得宏观同步信息，减少数据处理容量，气象卫星扫描宽度宽，2~3 条轨道就可以覆盖全国，相对于陆地卫星更容易获得完全同步、低云量或无云的影像。

③资料来源连续，实时性强，成本低。气象卫星可获取多种数据资料，包括可见光、红外云图等图像资料，云量、云分布、大气垂直温度、大气水汽含量、臭氧含量、云顶温度、海面温度等数据资料，以及太阳质子、X 射线高空大气物理参数等空间环境监测资料，并快速加工处理图像、数据等资料，形成派生资料。

(3)数字林草常用气象卫星

考虑到气象卫星运行周期、扫描宽度及扫描周期等要素，数字林草主要利用“风云”系列气象卫星、“向日葵”系列气象卫星中的地球同步轨道气象卫星。

①“风云”系列气象卫星。

“风云”系列气象卫星是我国研制的气象卫星，“风云二号”(FY-2)、“风云四号”(FY-4)气象卫星为地球同步轨道气象卫星，“风云一号”(FY-1)、“风云三号”(FY-3)气象卫星为太阳同步轨道气象卫星。数字林草遥感监测体系建设中主要利用“风云四号”A 星、B 星。

“风云四号”A 星、B 星形成“东西布局、联合观测”，搭载静止轨道辐射成像仪(AGRI)，每 15 分钟可以提供一张地球完整圆盘图，每 5 分钟对我国及周边地区成像 1 次，针对特定区域，最快 1 分钟可以生成一张观测图像。可见光的高空间分辨率为 0.5~1 km，近红外高空间分辨率为 2 km，红外空间分辨率为 4 km。

“风云”系列气象卫星包括以下用途：连续对我国及周边地区的天气进行实时监测，所获云图资料可填补我国西部和西亚、印度洋上的大范围气象资料的空白；连续监测天气变化；视野更广，覆盖以我国为中心的约 1 亿 km^2 的地球表面，即亚洲、大洋洲及非洲和欧洲的一部分；观测资料包括云图、温度、水汽、风场等气象动态，对进行中长期天气预报和灾害预报起重要作用。

②“向日葵”系列气象卫星。

“向日葵”系列气象卫星是日本研发的地球同步轨道的系列气象卫星。数字林草遥感监测体系建设中主要利用“向日葵 8 号”气象卫星(Himawari-8)和“向日葵 9 号”气象卫星(Himawari-9)。

“向日葵 8 号”气象卫星(Himawari-8)和“向日葵 9 号”气象卫星(Himawari-9)搭载葵花成像仪(AHI)，正常扫描全圆盘图的时间小于 10 分钟，针对特定区域，实现每 2.5 分钟获得一幅区域图像。可见光的高空间分辨率为 0.5~1 km，红外高空间分辨率为 1~2 km。

与“风云”系列气象卫星类似，“向日葵”系列气象卫星具有成像速度快，观测区域和时间灵活可变等特点，“向日葵”系列气象卫星可用于连续对亚太地区的天气进行实时监测，连续监测天气变化，超高分辨率的图像详细展现云、海洋、沙漠等细节。

2. 陆地卫星

陆地卫星是指地球资源卫星，用于陆地资源和环境探测。美国成功发射了第 1 颗陆地卫星之后，俄罗斯、法国、印度、中国等都发射了陆地卫星。数字林草主要利用 Landsat 系列陆地卫星、中巴地球资源卫星、中国高分系列卫星和 EOS 系列卫星，进行森林资源调查、森林动态变化分析、森林生物量估测、森林火灾监测、森林病虫害监测、林业生态工程监测等。

(1)陆地卫星类型及特点

陆地卫星包括系列陆地卫星、高分辨率陆地卫星、高光谱陆地卫星和合成孔径雷达等四类。

系列陆地卫星包括美国的 Landsat 系列陆地卫星、法国的 SPOT 系列陆地卫星、印度的 IRS 陆地卫星、日本的 ALOS 系列陆地卫星等。系列陆地卫星的特点是多波段扫描，地面分辨率为 5~30 m，是陆地卫星的主要组成部分。

高分辨率陆地卫星包括美国的 IKONS、QuickBird、GeoEye、Worldview 高空间分辨率系列卫星和我国的高分系列卫星等。高分辨率陆地卫星的特点是地面分辨率高，全色波段为 1~5 m，部分高分辨率陆地卫星空间分辨率小于 1 m，多用于军事侦察。

高光谱陆地卫星包括美国的 EOS 系列卫星、EO 卫星、欧洲 ENVISAT 卫星、中国的环境 1 号卫星、高分 5 号卫星等。高光谱陆地卫星的主要特点是采用高分辨率成像光谱仪，波段数为 36~256 个，光谱分辨率为 5~10 nm，地面分辨率为 30~1000 m，主要用于大气、海洋和陆地探测。

合成孔径雷达(SAR)是一种高分辨率、二维成像雷达，适合大面积的地表成像，主要包括美国的 Seasat 系列卫星、欧洲的 ERS 系列卫星、加拿大的 Radarsat 雷达卫星、中国的高分三号卫星等。一般民用星载 SAR 卫星地面分辨率为 10~30 m，部分卫星搭载多频、多视角和多极化的 SAR。

(2)数字林草常用陆地卫星

①Landsat 系列陆地卫星。

Landsat 系列陆地卫星是美国研发的太阳同步轨道陆地卫星，至今已连续 40 多年提供陆地卫星图像，传感器主要有 MSS、TM、ETM+、OLI、TIRS，属于中高度、长寿命的卫星，空间分辨率由开始的 80 m 逐步提高到 30 m，其中全色波段为 15 m 分辨率。在数字林草中主要用于森林资源调查、森林动态变化分析等。

Landsat 系列陆地卫星运行在太阳同步的近极地圆形轨道，保证北半球中纬度地球获得中等太阳高度角的上午影像，且卫星通过某一地点的地方时相同，轨道高度为 918 km、705 km，运行周期为 99 min/圈、103 min/圈，覆盖周期为 16 天、18 天，图像的覆盖范围(185×185) km^2。

Landsat 系列陆地卫星传感器包括：

RBV：反束光导摄像机，又叫电视摄像机，3 个波段。

MSS：多光谱扫描仪，5 个波段。MSS 是一种多光谱光学—机械扫描仪。

TM：专题绘图仪，7 个波段。TM 是第二代多光谱段光学—机械扫描仪，是在 MSS 基础上改进和发展而成的一种遥感器。TM 采取双向扫描，提高了扫描效率，缩短了停顿时间，并提高了检测器的接收灵敏度。

ETM+：增强—加型专题绘图仪，8 个波段。ETM 是第三代推帚式扫描仪，是在 TM 基础上改进和发展而成的一种遥感器。

OLI：热红外传感器，共 11 波段。OLI 包括了 ETM+传感器所有的波段，为了避免大气吸收特征，OLI 对波段进行了重新调整。

TIRS：包括 2 个单独的热红外波段，空间分辨率为 100 m。

②中巴地球资源卫星。

中巴地球资源卫星(CBERS)是以中国为主、巴西为辅研制的中国第一代传输型地球资源卫星，在国内简称资源(ZY)卫星。数字林草中常用的资源三号卫星，是中国第一颗民用高分辨率光学传输型测绘卫星，通过立体观测，可以测制 1∶5 万比例尺地形图，为国土资源、农业、林业等领域提供服务，资源三号卫星将填补中国立体测图这一领域的空白。

中巴地球资源卫星运行在太阳同步的近极地圆形轨道，轨道高度 778 km，轨道倾角 98.5°，降交点地方时 10：30，重复周期 26 天，运行周期 100.3 min/圈。

中巴地球资源卫星传感器包括：

CBERS-01/02 分别搭载 3 种传感器：电荷耦合器件摄像机(CCD)、红外多光谱扫描仪(IRMSS)、宽视场成像仪(WFI)。

CBERS-02B 搭载 3 种传感器：CCD 相机(CCD)、高分辨率相机(HR)、宽视场成像仪(WFI)。CBERS-02C 搭载 1 台全色多光谱相机和 1 台全色高分辨率相机。

③中国高分系列卫星。

中国“高分专项”是一个非常庞大的遥感技术项目，计划包含 14 颗卫星和其他观测平台，覆盖了从全色、多光谱到高光谱，从光学到雷达，从太阳同步轨道到地球同步轨道等，构成了一个具有高空间、高时间和高光谱分辨率的对地球观测系统。

高分一号(GF-1)是高分宽幅—光学成像遥感卫星，搭载 2 台全色/多光谱相机和 4 台多光谱宽幅相机，全色空间分辨率 2 m，多光谱空间分辨率 8 m，宽幅多光谱空间分辨率 16 m。

高分二号(GF-2)是亚米全色—光学成像遥感卫星，搭载 2 台全色/多光谱相机，全色空间分辨率 0.8 m，多光谱空间分辨率 3.2 m。

高分三号(GF-3)是世界上 C 波段多极化 SAR 卫星中分辨率最高的卫星系统，搭载 C 频段多极化合成孔径雷达，多极化 C—SAR 空间分辨率 1~500 m，幅宽空间分布率 10~650 km。

高分四号(GF-4)是地球同步轨道上的光学卫星，搭载 1 台凝视相机，全色空间分辨率 50 m，红外空间分辨率 400 m。

高分五号(GF-5)是地球同步轨道上的光学卫星，搭载大气痕量气体差分吸收光谱仪、主要温室气体探测仪、大气多角度偏振探测仪、大气环境红外甚高分辨率探测仪、可见短波红外高光谱相机、全谱段光谱成像仪，高光谱 318 通道，分辨率 20 m/40 m，幅宽 60 km。

高分六号(GF-6)是高分宽幅—光学成像陆地应急监测遥感卫星，搭载 2 米全色/8 米多光谱高分辨率相机、16 米多光谱中分辨率宽幅相机，全色空间分辨率 2 m(幅宽>90 km)，多光谱空间分辨率 8 m 多光谱(幅宽>90 km)，宽幅多光谱空间分辨率 16 m(幅宽>800 km)。

高分七号(GF-7)是高分辨率空间立体测绘卫星，实现亚米立体测绘，搭载 2 台双线阵相机、激光测高仪。前视：全色空间分辨率 0.8 m；后视：全色空间分辨率 0.64 m(幅宽 20 km)。多光谱空间分辨率 2.6 m(幅宽 20 km)，激光测距精度≤0.3 m。

高分系列卫星不断增加，2022 年 12 月 27 日 15 时 37 分，我国在太原卫星发射中心使用长征四号乙运载火箭，成功将高分十一号 04 星发射升空，卫星顺利进入预定轨道，发射任务获得圆满成功。

④EOS 系列卫星。

EOS(Earth Observation System)卫星是美国地球观测系统计划中一系列卫星的简称，是一个用一系列低轨道卫星对地球进行连续综合观测的计划。地球观测系统主要由极轨卫星系统组成，包括上午轨道卫星(EOS-AM，上午 10：30 过赤道)、下午轨道卫星（EOS-PM，13：30 过赤道)和大气化学观测卫星

(EOS-CHEM，以大气化学观测为主)等3个主要系列，数字林草中主要用到Terra卫星、Aqua卫星上搭载的中等分辨率成像光谱仪(MODIS)。

TERRA/AQUA卫星在太阳同步的近极地近圆形轨道，轨道高度705 km，轨道倾角98.2°，运行周期98.8 min/圈，降交点地方时10：30/13：30，重复周期6天。

MODIS是美国第一个极轨平台上，亦是当前世界上新一代"图谱合"的光学遥感仪器，有36个光谱波段，光谱范围宽，从0.4 μm(可见光)到14.4 μm(热红外)全光谱覆盖。

第2节　遥感监测在数字林草中的应用

1. 林草资源调查及动态监测

林草资源调查通过高分辨率遥感影像判读及野外实地调查等方式进行，旨在查清林草资源的数量、质量和生长、消亡的动态规律，掌握林草立地状况等各类数据。数字林草利用中国高分系列卫星(常用GF-1、GF-2、GF-4、GF-5、GF-6)、中巴地球资源卫星(常用ZY-3)，建立森林资源各类因子样库及测算模型，合理判定森林类型，科学测算森林郁闭度、森林蓄积量等，实现树冠信息提取、叶面积指数估测、森林叶绿素含量的几何光学模型反演，助推林草治理体系和治理能力现代化、数字化转变。

林草资源动态监测是利用多时相影像的对比分析，实现动态管理，主要涉及森林资源的地类变化、生长状况分析等。数字林草可利用较高分辨率的高光谱影像进行遥感变化检测，发现林草地流失、森林采伐、自然灾害、新增林草等地类变化情况，采用卷积神经网络、建筑物形状指数等算法，自动识别并筛选变化图斑，为森林资源快速、高效监管提供有力支撑；也可利用长时间序列的MODIS或Landsat影像数据，通过影像预处理、影像集连接、影像合成、变化趋势非参数检测、显著性检验和变化趋势量化与分级对林草状态进行长期监测，有效监测林草生长状况，辅助领导决策。

2. 林草灾害防控

林草火灾是威胁林草资源的一种极为严重的自然灾害，数字林草建立了基于航天、航空、展望台（塔）及与地面巡护相结合的森林火灾监测体系。利用 Terra/Aqua MODIS 数据，实现林草火灾预警监测、可燃物类型分类、植被因子估测、小火点自动识别；利用“风云”系列气象卫星、“向日葵”系列气象卫星进行观察，进行火点识别，及时汇聚气象云图、温度、湿度、风向、降雨量等气象信息辅助扑火决策，实现林草火灾“打早、打小、打了”。

林草有害生物防治包括松材线虫病、美国白蛾等林草有害生物防控，数字林草利用 Terra/Aqua MODIS 数据，对林草生长状况进行监测，发现并掌握林草有害生物成灾情况；利用中国高分系列卫星、中巴地球资源卫星等较高分辨率的高光谱影像，对成规模的枯死木、草原受灾情况进行自动识别。遥感监测林草有害生物成灾情况时间滞后，通常情况下易造成不可挽回的巨大损失，仅作为一种辅助手段。

第 12 章

数字林草无人机监测体系建设

无人机(unmanned aerial vehicle，简称 UAV)，指自主飞行或遥控飞行的不载人飞行器。与载人飞机相比，无人机具有体积小、造价低、使用方便、飞行限制少等优点，可广泛应用于军事、农业、林草、运输、测绘、应急指挥等领域。数字林草无人机监测体系建设包括无人机、无人机挂载、无人机机场的选用、建设和多应用场景下的分析与实施。

第 1 节　数字林草常用无人机类型

无人机按旋翼类型可分为固定翼无人机、多旋翼无人机和复合翼无人机。数字林草空中作业主要选用固定翼无人机、四旋翼无人机、六旋翼无人机和复合翼无人机四种类型。

1. 固定翼无人机

固定翼无人机，具有操作难度大、飞行要求高、续航时间长、载重量大、适合远距离作业等特点。与多旋翼无人机相比，固定翼无人机起降场地要求高，安全性和灵活性较差。考虑到飞行成本问题，固定翼无人机主要用于大范围的扑火指挥、三维构建等数字林草工作领域。

2. 四旋翼无人机

四旋翼无人机，具有操作难度小、飞行要求低、续航时间短、载重量小、仅适合近距离作业等特点。常见四旋翼无人机均拥有前向视觉感知和下视觉定位的功能，依靠其轻质小巧、灵活便携等优点，可在第一时间飞抵现场，有效满足单线作业要求。其广泛用于小范围的灾害预警、资源调查、动物保护、空中执法、扑火指挥、造林种草成效监测、林草三维模型构建等数字林草工作领域。

3. 六旋翼无人机

六旋翼无人机，具有操作难度小、飞行要求低、续航时间较长、载重量较大、适合中远距离作业的特点。六旋翼无人机拥有前向视觉感知功能，依靠飞行速度快、安全性高等优点，适用于复杂的场景的情况，满足绝大多数单线作业及小规模多线作业要求。其主要用于中距离的灾害预警、资源调查、扑火指挥、造林种草成效监测、林草三维模型构建等数字林草工作领域。

4. 复合翼无人机

复合翼无人机，在同一飞行器上搭载固定翼和多旋翼。兼具固定翼无人机航时长、速度高、距离远的特点，以及多旋翼无人机垂直起降的功能，大大降低对起降场地的要求。机身可采用整机模块化设计、碳纤维复合材料、热压罐一体成型工艺，搭载相关任务设备可用于中远距离的灾害预警、资源调查、扑火指挥、造林种草成效监测、林草三维模型构建等数字林草工作领域。

第 2 节　数字林草常用无人机光学传感器

无人机作业，为了满足不同工作的需要，可搭载不同类型的光学传感器。数字林草常见传感器包括机载可见光相机、机载多光谱相机、机载高光谱相机、机载红外热像相机、机载激光雷达、机载倾斜摄影相机等。

1. 机载可见光相机

机载可见光相机作为最常见的无人机光学传感器，通过拍摄目标直接生成可见光影像，广泛应用于各行各业，满足普通影像拍摄需求。数字林草中机载可见光相机通过将采集高清、多角度的图像信息与数据库样进行 AI 识别，常用于林原防火热点识别、资源动态监测、动植物识别、自然保护地交通管理与人为活动轨迹追踪等。

2. 机载多光谱相机

机载多光谱相机将多光谱成像技术与无人机相结合，把全波段或宽波段的光信号分成若干个窄波段的光束分别成像，生成3~20个非连续波段的不同光谱波段的图像，广泛应用于军事侦察、农业发展、环境保护等领域，可有效提取目标特征并进行识别。数字林草中机载多光谱相机常用于病虫害防治、资源监测、造林长势评估等。

3. 机载高光谱相机

机载高光谱相机将高光谱成像技术与无人机相结合，探测目标的二维几何空间及一维光谱信息，获取高光谱分辨率的连续、窄波段的图像数据，广泛用于食品安全、医学诊断、航天领域、植物保护等领域。数字林草中机载高光谱相机常用于树种识别、生物量估计、森林健康度监测等。

4. 机载红外热像相机

机载红外热像相机将红外成像技术与无人机相结合，通过探测物体发出的红外辐射，根据物体温度分布进行成像，远距离快速锁定目标，并实时观测目标变化情况，广泛应用于救灾救援、警用侦查、电力巡检、动物保护、森林防火等领域，满足专业测温和成像需求。数字林草中机载红外热像相机常用于野生动物夜视观察、林草火灾隐患排查、林草火灾预警监测和造林种草地表温度监测。

5. 机载激光雷达

机载激光雷达将激光雷达与无人机相结合，通过发射激光束并接收目标回波，获得目标距离、方位、高度、速度、形状等参数，广泛应用于勘探测量、城市规划、水利工程、土地利用、资源监测、交通通信、防震减灾等领域，获取目标参数。数字林草中机载激光雷达能发挥植被穿透性强等优势，收集树木的平均高度、树冠密度、植被覆盖率等数据，自动计算森林资源生长量、蓄积量，并实现精细结构建模。

6. 机载倾斜摄影相机

机载倾斜摄影相机将倾斜摄影技术与无人机相结合，通过在同一平台上搭载五台可见光传感器，从垂直、多角度倾斜同步采集影像，获取地物侧面纹理影像，实现三维建模，广泛应用于应急指挥、国土安全、城市管理、房产税收等领域，满足定位、融合、建模需求。数字林草中机载倾斜摄影相机可用于林草三维模型构建，直观展示林草资源分布状况。

第 3 节　数字林草可选无人机机场类型

无人机起落站点包括普通无人机机场、智能无人机机场。数字林草自主建设可搭建智能无人机机场，来实现远程操控、自主作业。

1. 普通无人机机场

固定翼无人机需要在无人机机场进行起降，与载人飞机的起降方式类似，通常利用跑道滑降。普通无人机机场，具有场地面积大、投入经费大、建设周期长等特点。数字林草建设过程中不建议大面积推广使用，可采用服务采购的方式，服务于防火应急指挥和大范围林草三维底图构建。

2. 智能无人机机场

智能无人机机场包括移动式智能无人机场和固定式智能无人机机场。其中移动式智能无人机机场主要应用于远距离、低频次的定点侦查场景，固定式智能无人机机场主要应用于近距离、高频次、日常巡查的场景。

(1)移动式智能无人机机场

移动式智能无人机机场，通常指搭载车顶的车载智能无人机机场，实现远距离、无视地形的应急监测。移动式智能无人机机场助力无人机随时随处灵活机动作业，无须离车，全程自动起降作业，并与后端指挥平台互联互通，满足高强度连续作业。

(2)固定式智能无人机机场

固定式智能无人机机场，具有远程操控、自主作业、自动充电、多机协同、智能数据处理等特点，适用于多行业多任务飞行，满足林草行业定点范围内的精细巡检需求，解决基层林草技术人员短缺、技术水平支撑不足等问题，辅助实现全自主无人化作业。

通过建设林草重点区域无人机站点网，利用4G/5G/微波/卫星通信等数据传输方式，形成区域信号传输“一张网”，搭配多种任务载荷进行长航时飞行，实现多舱接力飞行和多机协同作业，并优化保障策略，有效杜绝摔机及次生灾害的发生。

第 4 节　无人机监测在数字林草中的应用

数字林草无人机监测利用固定翼无人机、多旋翼无人机搭载多类型传感器进行监测，主要应用于灾害预警、资源调查、动植物保护、督查执法、扑火指挥、工程进度监督、林草三维模型构建等数字林草工作领域。

1. 灾害预警

无人机灾害预警包括林草火灾风险排查、林草火灾预警监测和森林草原病虫害预警监测。

(1)林草火灾风险排查

利用多旋翼无人机、复合翼无人机搭配移动式智能机场，预设飞行线路，对输电线路进行故障排查。无人机搭载红外热像相机，通过红外热成像技术快速查找高温区域，降低因输电线路损坏所导致的林草火灾；无人机搭载可见光相机，对林区输电线路进行排查，记录树枝接近输电线路区域信息，立项申请修枝打杈，减少森林火灾风险隐患。

(2))林草火灾预警监测

利用多旋翼无人机、复合翼无人机搭配固定式智能无人机机场，搭载可见光相机或红外热像相机，预设飞行线路，对重点区域进行日常巡护，深入林区深处。无人机搭载红外热像相机，将监测数据与数据库样进行比对，利用人工智能技术，实现烟雾、热点自动识别；无人机搭载可见光相机，通过红外热成像技术监测地表、植物表面温度，实现林草火灾“早发现，早处置”。

(3) 林草病虫害预警监测

利用复合翼无人机或固定翼无人机，搭载可见光、多光谱或高光谱相机，预设飞行线路，对林草病虫害进行大范围监测。无人机搭载可见光相机，将监测数据与数据库样进行比对，利用人工智能技术，实现枯死木、草原病虫害自动识别；无人机搭载多光谱或高光谱相机，通过计算 NDVI 或分析光谱曲线，监测林草健康状况，实现林草病虫害识别。

2. 监测调查

无人机资源监测调查包括森林资源监测调查、草原资源监测调查、湿地资源监测调查、沙化和荒漠化监测调查。利用资源调查监测结果，科学计算碳汇储量。

(1) 森林资源监测调查

利用多旋翼无人机、复合翼无人机或固定翼无人机，搭载可见光相机、激光雷达和倾斜摄影相机，形成一体化解决方案，实现全天候三维数据获取与复杂场景重建。无人机搭载激光雷达和倾斜摄影相机，可快速获取林地相关区域的三维空间信息，通过点云数据对植被层分类和提取，分析、计算林木胸径、树高、郁闭度、叶面积指数、密度、间隙率等森林参数，快速反演生物量、蓄积量、森林覆盖率等，辅助调查起源、树种组成、龄组、立地质量、可及度等。大大提高调查工作的时效性和精确性。

利用多旋翼无人机、复合翼无人机或固定翼无人机，搭载可见光相机对多尺度的森林资源进行监测。将监测数据与数据库样进行比对，利用人工智能技术，快速识别森林资源变化情况，包括林地征占用、采伐、灾害、造林等，实现森林资源动态监测。

(2) 草原资源监测调查

利用多旋翼无人机、复合翼无人机或固定翼无人机，搭载可见光相机对多尺度的草原资源进行监测。将监测数据与数据库样进行比对，利用人工智能技术，快速识别草原资源变化情况，包括占地、灾害、更新等，实现草原资源动态监测。

可结合样地、样方调查数据建模，进行草地基本状况监测。

(3) 湿地资源监测调查

利用多旋翼无人机、复合翼无人机或固定翼无人机，搭载可见光相机对多尺度的湿地资源进行监测。将监测数据与数据库样进行比对，利用人工智能技术，快速识别湿地资源变化情况，包括占地、灾害、更新等，实现湿地资源动态监测。

获取湿地类型、面积及生物多样性、保护与利用等情况，计算 NDVI、NDWI、EVI 等植被指数，并采用面向对象、随机森林等方法建模，掌握湿地资源状况。

(4)沙化和荒漠化监测调查

利用多旋翼无人机、复合翼无人机或固定翼无人机，搭载可见光相机对多尺度的沙化和荒漠化资源进行监测。将监测数据与数据库样进行比对，利用人工智能技术，快速识别沙化和荒漠化资源变化情况，实现沙化和荒漠化资源动态监测。

结合影像特征及各地自然地理、地形地貌特征、植被类型、覆盖率、分布规律等情况，建立植被与荒漠化土地解译标志，并进行模型训练，达到荒漠化精准判定并精确计算面积。支持沙化面积监测、大范围的荒漠化程度监测、沙化土地识别、稀疏植被覆盖度监测、防沙治沙项目的验收评估等。

3. 动植物保护

动植物保护包括野生动物保护和野生植物保护。

(1)野生动物保护

利用多旋翼无人机或复合翼无人机，搭载机载红外热像相机，将动物活动样线作为飞行轨迹，对野生动物夜视观察，高效便捷地调查野生动物集群活动方式、生活区域，实现集群或个体的精准定位的同时，尽可能减少人为干扰。将调查数据与数据库样进行比对，利用人工智能技术，实现野生动物物种识别。

(2)野生植物保护

利用多旋翼无人机或复合翼无人机，搭载可见光、多光谱或高光谱相机，实现多尺度的野生植物监测与保护。将调查数据与数据库样进行比对，利用人工智能技术，或通过高光谱相机获取植物光谱曲线，实现野生植物物种识别，计算 NDVI、NDWI 等植被指数，重点监测野生植物健康度。

4. 督查执法

通过无人机辅助分析、计算林草湿资源动态监测成果，确定林草湿资源待督查斑块。利用多旋翼无人机搭载可见光相机，对违法占用林草地、毁林开荒、盗伐林木等行为进行现场拍照取证；通过无人机日常巡护，自主分析发现森林遭受破坏的地点和程度，以便及时对毁林行为进行矫正和处置，是林草湿资源管护的“空中保护伞”。

5. 扑火指挥

利用复合翼无人机搭配移动式智能无人机机场，搭载可见光相机、激光雷达或红外热像相机，实时视频回传到林草防火指挥车、指挥中心。无人机搭载可见光相机，在第一时间赶赴火灾现场，后方指挥中心可在无人机地面站分配区域，规划灭火路线，提前预警，实时掌握扑火进度，避免人员伤亡。无人机搭载激光雷达，可实时测量火点准确位置，为制定扑救方案提供精确参考。无人机搭载红外热像相机，从高空视角实时监测动态，在遥控器画面中框选区域，便可显示该区域的最高温、最低温及平均温度，并可设置高温报警，排查火点，防止复燃。

6. 工程进度监督

利用多旋翼无人机，搭载可见光相机，对生态修复工程开展全方位“空中巡查”。通过全程高清成像比对、现场核查，全面收集和掌握工程治理情况；并在工程验收时，基于造林地块的位置信息进行核实检查，实施工程质量精准控制，可辅助造林地块识别、造林地森林类型分布识别、造林地植被长势监测、造林地森林分布变化检测、苗木成活情况监测、工程实施进度监管、工程质量控制等。

7. 林草三维模型构建

利用复合翼无人机或固定翼无人机，搭载倾斜摄影相机、激光雷达，快速生成林草三维底图，获取自然保护地三维空间信息，并根据点云数据，高效精准生成重点区域林草资源精细化模型，实现三维精细化建模。

第 13 章

数字林草地面感知体系建设

地面感知系统具有实时、直观等特点，在林草灾害预警、林草资源数据采集等领域具有良好的应用前景，包括主要设备类型和前端设备的安装等内容。

第 1 节　主要设备类型

1. 视频监控

(1)数字林草常见的视频监控类型

①枪机。

枪机即枪式摄像机，外观呈长方形，其监控位置固定，正对某监控位置，监控方位有限，枪机一般内置红外灯板，从而达到夜视的需求，具有防水功能的枪机室内外均可安装。枪机是一种常见的 CCD 摄像机类型。

②球机。

球机即球形摄像机，由一体化摄像机、高速步进电机云台、嵌入式解码器板等电子器件和球机护罩等组件构成，安装方便，简单易用，且功能强大，被广泛应用于开阔区域的监控。球机有固定型、可转动型和 PTZ 功能型三种类型。

(2)森林防火视频监控

通过高空视频监控设备实现重点区域实时监测，解决传统卫星监控效率低、低位监控面积小、人工巡护成本高的问题，实现重点区域森林火情全天候、全覆盖智能化监测，为重点区域远程智能火情监测提供有效支撑。目前传统的人工巡护、飞机巡航、卫星遥感监测等技术手段不能全周期对林区火情进行监测。视频监控技术的采用，使得非监视周期大幅缩短。

①前端监控设备。

前端监控设备分为重型云台和转台两种。重型云台基于传统安防监控进行承载设计，其机械结构与传动方式导致其巡航速度与定位精度受到一定限制，对整个监控范围的全区域巡航周期及火点定位精度有一定影响，因此重型云台在林区环境较好的小半径防火视频监控建设项目中应用是可行的，但在进行中大半径的林区覆盖监测火情时存在一定问题。由于云台的风载荷系数较高，抗风性能较差，长期在野外恶劣环境工作对其机械结构的损伤亦是一种考验。同时为了降低整个系统建设成本，宜采用大半径监控设备，减少布点数量，降低对生态环境的破坏，节约基础设施建设费用。而从设备后期维护角度，则应考虑设备使用寿命和易维护性。

②可靠的烟火识别算法。

为了实现快速、无漏点、全区域报警，采用更加智能的烟火识别算法针对防火智能监控来实现全区域内快速发现火情、实现精准的火点定位。针对算法的实效功能须经科学、全方位的测试才能选用。

(3)野生动植物保护监控

我国生物多样性极为丰富，有多种珍稀濒危动植物，经过林草部门长期努力，有效遏制了盗伐盗猎的发生，控制了人为活动对脆弱的自然生态系统的破坏，但还需进一步加强监控与保护管理，需要针对野生动物及其栖息地、人为活动等进行视频实时监控。

①基于长焦高清视频监控设备的野生动物栖息地及人为活动视频监控。

野生动物及栖息地、人为活动视频监控系统技术路线与防火视频监控系统技术路线高度相似，不同的是防火视频监控系统装载的是烟火识别算法，野生动物及栖息地、人为活动视频监控系统装载的是野生动物物种识别算法。同时，考虑野生动物、人员、车辆目标相对烟火目标来说，体积较小，在后端系统中呈现的像素较小，因此野生动物栖息地及人类活动视频监控系统在保持与森林防火视频监控系统同样的抗风等级、机械性能和设备可靠性的同时，还要兼顾可见光镜头焦距不小于 900 mm，有效像素不低于 400 万，且对于关键目标的监测，可选用具备 800 万像素，4K 画质的前端监控设备。

②基于无线红外自动触发照相机的野生动物网格化监测。

基于无线红外自动触发照相机的野生动物网格化监测是依靠被动红外监测野生动物并触发拍摄，并发展为利用电池长时间供电、利用存储卡实现大容量的数据存储来适应野外调查环境的特殊情况。这种应用模式虽然不能实现实时的数据传递，并带来了大量的人工成本，但其优点是设备本身造价低廉，布点灵活。

(4)交通卡口视频监控

面向重点区域出入口、交通卡口实现智能化监测，对森林出入口的人车进行动态管理，降低森林防火安全隐患，减少偷盗、乱砍滥伐等违法违规行为。

交通卡口监控管理系统主要由智能终端、组成。卡口监控智能终端部署在关键道路、出入口、重点区域等主要区域，通过视频监控手段，对进出林区的车辆、人员进行 7×24 小时监控和录像。同时卡口监控管理智能终端具有智能识别功能，对事件进行实时检测分析，当检测到符合判断规则的事件后，自动发送报警信号，提示现场监控人员处理。

2. 红外相机

面向野生动物监测应用需要，在野生动物活动区域建立监测网格，对监测区域内野生动物进行定时、定点、定量智能化监测。

红外相机又名野生红外监测相机，是利用红外触发拍摄的相机。只要野生动物经过镜头，它们的体温会与环境温度造成温差，从而引起相机周围热量变化，传感器接收变化后产生脉冲信号，触发相机拍摄。红外相机拍摄属于无人自动拍摄技术中的一类，目前主要应用于自然保护野外研究技术领域中的野生动物监测。

特点：

①红外相机受不同的栖息地或环境类型影响小。

②可 24 小时持续工作。

③适合监测活动隐秘的动物，对动物的干扰比较小。

④对野外工作人员的要求相对较低。

⑤物种鉴定准确，可以更好地监测、研究大中型珍稀兽类、鸟类的隐秘活动踪迹。

⑥红外相机防护等级高，在环境极其恶劣的条件下也可以工作，不论是在

高山严寒之地，还是酷热的热带雨林，皆不受环境的影响。

3. 生态站

(1)生态站类型

生态站主要承担科学研究、监测评估、数据积累和科学普及等任务，对生态系统的基生态要素进行长期连续观测，收集、保存并定期提供数据信息，为生态站网建设提供基础数据。生态站可分为森林、草原、湿地、荒漠、竹林、城市等 6 大类型。

(2)生态站观测设备类型

不同生态站的主要观测指标对应各自的终端设备建设类型，主要建设项目与设备如下所示。

①森林生态站。

水文要素：树干液流监测系统(TDP)，蒸渗仪，大孔径闪烁仪，自动记录雨量计，沟槽式收集器，自动记录水位计，时域反射仪(TDR)，激光雨滴谱仪，泥沙采样器，离子分析仪，水质监测系统。

土壤要素：pH 计，连续流动分析仪，便携式土壤三参数监测系统，土壤呼吸监测系统，微根管根系生态监测系统，冻土器，太阳高度角测量仪，反射率测定仪。

气象要素：自动气象站，天气现象观测仪，梯度气象站，便携式光合仪，水汽通量监测系统，二氧化碳廓线仪，光声谱仪，测温仪，干湿沉降采样器，负离子监测系统，量子级联激光探测器系统，孔口流量计，森林空气环境质量监测系统。

生物要素：全站仪，激光测距测高仪，背包式激光雷达，野外样地调查平板系统，便携式植物冠层分析仪，物候观测系统，鼓风烘箱，树木年轮分析系统，小型动物捕获器，手持标签识别器。

其他要素：土壤碳氮循环监测系统，连续流动分析仪，稳定同位素质谱仪，原子吸收分析仪，便携式植物冠层分析仪，空气颗粒物监测仪，气溶胶再发生器，便携式叶面积仪，人工控制气候室，稳定同位素质谱仪。

②草原生态站。

水文观测设施：自动水位计。

土壤观测设施：土壤温度、湿度水分自动观测系统。

气候观测系统：干湿球温度表。

生物观测设施：草原地上生物量观测设施，草原地下生物量观测设施，草原采食量观测设施装置，草原地上最大生产力观测设施。

物候观测设施：物候观测场。

仪器设备：包括水文要素观测、土壤要素观测、气象要素观测、生物要素观测、环境空气质量观测、数据存储与管理、实验室仪器、无人机。

③湿地生态站。

水文水质观测设施：湿地水文动力要素测定设施，湿地水量平衡场，集水区及径流场，测流堰。

土壤观测设施：湿地土壤剖面观测设施。

气象观测设施：综合观测塔建设、自动小气候梯度观测场。

生物观测设施：水生植物观测场（固定样地）及围栏、湿生植物观测场（固定样地）及围栏。

4. 虫情监测站

利用现代光、电、数控技术、无线传输技术、物联网技术、构建出一套林草病虫害生态监测及预警系统，该系统集虫害诱捕和拍照、环境信息采集、数据传输、数据分析于一体，实现了虫害的诱集、分类统计、实时报传、远程监测、虫害预警和防治指导的自动化、智能化。

5. 气象传感器

气象传感器是一款监测生态环境的综合性观测设备。它主要观测与植物生长相关的土壤温度、水分、气温、湿度、风向、风速、气压、雨量、光照强度、辐射等环境相关的参数，为森林、草原、湿地等生态系统的监测提供良好支撑。

6. 其他地面感知设备

（1）智能哨兵

面向重点区域，针对行人出入频繁的区域，设置森林宣传警示杆，一方面能够实现人员进出的抓拍监控，另一方面实现远程森林防火、违法宣传警示，提高林区森林防火、监管意识，降低林区火灾风险和阻止违法行为。

(2)智能杀虫灯

智能杀虫灯具备传统太阳能杀虫灯的所有功能，并且通过手机和电脑的物联网平台可以远程查看杀虫灯定位及运行情况，实现远程控制和计数等功能，更加方便管理和维护。

(3)气象土壤墒情监测站

气象土壤墒情监测站是一款综合气象参数监测站设备，可对农业小区域内温湿度、光照、二氧化碳、大气压、雨量、光合有效辐射、日照时数、土壤温湿度、风速、风向等要素进行实时在线监测。通过这些农业气象环境要素的监测，可以进一步提高造林种草过程中气象灾害监测水平。

(4)背负式融合通信指挥系统

背负式融合通信指挥系统部署 LTE 便携式基站，它集成了基站、核心网、调度系统等功能，具有一体化、微型化、便携化、高度集成的特点，适用于车辆无法到达或者灾情规模较小的场景。实现现场救援队伍内部、现场与指挥中心之间的语音、数据、图像、视频传输及多媒体集群。应急部门根据实际需求，可灵活采用背负式部署通信系统方式建设现场应急无线通信系统，并采用公网/卫星方式实现救援一线与现场及后方各级指挥中心联动。

在面对应急突发且无电、无路、无网络的极端场景，需要快速构建现场无线应急通信系统，实现：

①现场应急救援队员之间的可视化通信，实现指挥员在现场的可视化指挥调度。

②将现场音视频图像第一时间实时回传到前方和后方指挥中心，供指挥中心更全面、清晰观察事故现场的情况，辅助指挥中心战时科学决策和平时综合战评决策。

③与融合指挥平台配合，实现战斗指令统一下达，辅助决策机构指挥各应急处理部门协同作战，实现救援人员快速、高效救援抢险，以此形成高效的应急指挥体系。

(5)卫星电话

提供更长待机时长和高等级环境防护能力，具有良好的可靠性和安全性，适合恶劣环境下的通信保障，解决扑火队伍作战的通信需求。

(6)手持热像仪

手持热像仪配备了 384 像素×288 像素红外探测器和 1024 像素×768 像素

的 OLED 显示器，具有基础观测、WiFi 热点、热点追踪等特色功能，可以应用于巡护、执法、搜救、徒步、科考等场景。

第 2 节　前端设备安装及施工设计

1. 安装与施工服务

安装与施工服务，包括前端设备安装服务与系统调试服务。

(1) 前端设备安装服务

①支架及摄像机安装。

将视频监控、红外相机等前端设备安全搬运至杆塔上按要求进行安装，安装过程中须注意：检查前端设备是否通电正常；检查前端设备连接固件与立杆安装是否牢固；检查所接电源线及控制线接出端是否固定；检查安装高度是否满足视角范围要求；检查网线及电源线套 PVC 管是否牢固固定于塔身。

②供电与接地。

前端设备安装过程中，供电与接电时，须注意：前端设备供电及接地配套的电力电缆需套 PVC 管进行保护；系统的防雷需安装防雷箱；测量所有接地电阻，必须达到设计要求，达不到要求时，需在接地极回填土中加入无腐蚀性的长效降阻剂或更换接地装置。

(2) 系统调试服务

①调试准备工作。

系统调试前，检查系统接线、电源、设备就位、接地、测试表格等，需用对线工具检查各种设备、器件之间线路连接的正确性，并做好测试记录。

②单体调试。

单体调试过程中，检查前端设备开通、关断动作、云台操作和防护罩动作是否正确，检查画面分割器切换动作是否正确。独立单项调试在设备安装前进行，避免重复安装。

③系统调试。

系统调试过程中，须完成传输线路段光端对测、配合前端设备系统调测（定向）和配合前端设备割接及开通（定向）等工作。

（3）站点挂载服务

①连续稳定的电力供应服务。

前端设备电力供应模式包括市电、太阳能、风能、蓄电池、油机、锂电池的梯次利用，前端设备选型过程中，须同时支持交流和直流两种供电方式，充分保障设备供电连续、安全、稳定。

②可靠稳定的网络服务。

为前端摄像机提供完备、可靠稳定的网络服务，保证前端设备数据回传至边缘端汇聚点。

③其他服务。

为保证前端摄像机正常开展工作，提供其他如防雷、防震等必要服务。

（4）供网、供电设备

前端设备推荐采用一体化供网、供电设备，具有以下优势：支持视频站点的网络传输、供电、快速部署等服务；通过远程网管和近端手机 App 等远程控制手段，大幅减少站点故障率及人员运维投入，有利于提高前端设备站点在线率；供网、供电设备支持集成设计，无内部连线，对外 POE 直连，无风扇等易损部分，减少日常维护；支持统一网管、远程故障分析定位、近端杆下无线 Web 维护、非接触式运维、免上杆等关键服务能力，详见图 13-1。

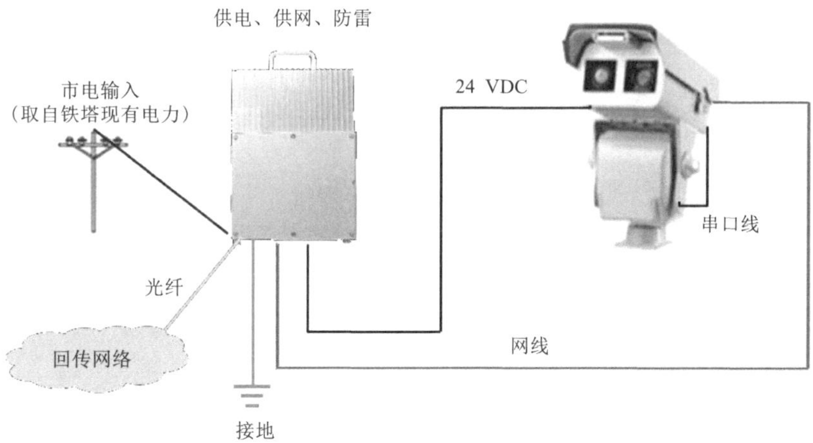

图 13-1　视频监控前端及供网供电设备连接示意图

在市电的情况下，可设计太阳能、风能等供电方式；在没有光纤网络的情况下，采用运营商 4G/5G 网络回传的方式进行传输。

2. 视频监控设备技术指标

(1)视频监控前端挂载标准

视频监控前端设备挂高应小于50 m，上塔设备质量应小于50 kg(塔上视频摄像机、支撑杆及云台等塔上设备)，迎风面积应小于0.8 m^2，标称总功率应不高于200 W，并且不应占用机房空间资源。

(2)监控设备挂载杆塔标准

通信铁塔的结构钢材设计既要使结构安全、可靠地满足使用要求，又要尽最大可能节约和合理使用钢材，降低造价；结构钢材选用时应考虑结构或构件的重要性，荷载特征(静力荷载或动力荷载)，连接方法(焊接或螺栓连接)，结构所处的工作条件(温度、腐蚀介质情况，构件内的应力性质)等因素；承重结构的钢材应具有抗拉强度、伸长率、区负电荷硫、磷含量的合格保证，对焊接结构还应具有碳含量的合格保证；承重结构的钢材一般采用Q235钢。根据《高耸结构设计规范》(GB 50135—2019)中的相关标准，结合我省的地理环境和气候条件，冬季温度低于-30℃，故在钢材的选用上采用Q235钢。

(3)全天候野外设备箱标准

根据户外视频监控设备所处地理环境和气候条件相对比较恶劣的特点，系统设计时需充分考虑控制设备的安全性和持续性，将视频监控模块的核心控制设备集成于定制恒温机箱内。箱体应采用具有良好散热性能的不锈钢材料，且箱内集成温感、风扇和加热器，可以使箱内达到恒温状态。

①供电子系统。

前端系统供电在能利用市电的情况下尽量使用市电，在无法利用市电的情况下可采用太阳能和风能组合供电。

②防雷子系统。

大部分设备位于室外，并且森林雷电侵袭的概率非常高，室外防雷对保障设备安全显得特别重要。

第5部分

数字林草支撑保障体系建设

第 14 章

数字林草支撑保障体系总览

第 1 节　数字林草支撑保障体系建设主要任务

运行支撑体系由标准规范体系、运维管理体系、安全保障体系等构成，贯穿建设及运营全生命周期，为数字林草的高质量建设和可持续稳定运营提供可靠保障。

1. 健全标准规范体系

根据数字林草发展要求，以国标和行标为指导，以满足自身建设需求的业务、管理和技术标准及规范性文件为补充，联系紧密、相互协调、层次分明、构成合理、相互支持、满足需求的标准框架，修订相关标准，形成数字林草标准规范体系。对于国标或行业标准未涉及的，积极联合相关领域的厂商、研究机构依据现有条件和要求制定地方行业标准。

2. 完善运维管理体系

完善运维管理体系，从组织领导、任务安排、工作实施等方面提出规范化的要求，明确平台的日常维护标准。成立由各级林业和草原局主管部门负责管理，项目承建单位、服务提供商负责具体维护的运维工作小组，由项目承建单位全面负责维护合同期内的数字林草平台的运行、维护和组织管理，负责信息平台和资源数据库的更新升级、安全防护等工作，由服务提供商负责服务采购合同期内的硬件设备的维护、更新和管理。

3. 筑牢安全保障体系

严格遵守《中华人民共和国网络安全法》、《中华人民共和国密码法》、《中华人民共和国数据安全法》、《信息安全技术　网络安全等级保护基本要求》(GB/T 22239—2019)等国家有关信息化安全建设的法律法规、标准及相关行业标准，建立健全完善的信息安全管理制度，落实安全技术防范措施。

第2节　数字林草支撑保障体系建设重点工程

1. 标准规范体系建设

数字林草标准规范体系建设以国家《林业草原信息领域标准体系》为指导，建立以国标、行标、地标为主体，以满足自身建设需求的业务、管理和技术标准及规范性文件为补充的标准体系，包括数据库建设、数据共享与服务、应用系统建设等标准规范。

2. 运维管理体系建设

结合数字林草实际情况，依托先进的运维监控工具、资源管理工具及集中管理平台的建设及融合，构建可视化的运维管理平台，通过平台实现对所有监控数据、资源数据的集中展示和管理，达到运维管理可视化，实现故障快速发现、快速定位、快速处置和快速恢复，提升运维管理水平和风险管控能力。

3. 安全保障体系建设

在政务云已有网络安全、数据安全、密码安全措施的基础上，建立数字林草安全保障体系，主要包括等保测评、密码测评、软件测评、系统上线检测、渗透测试服务、网络安全应急演练服务等。

第 15 章

标准规范建设

基于森林资源监管平台、林业数据平台等已有系统建设成果，结合数字林草云平台建设规划进行标准规范体系的建设，形成林草信息化建设数据库、数据共享和应用开发标准框架，为应用系统和数据整合提供建设依据。

第 1 节　数据库建设标准规范

基于自治区森林资源"一张图"数据库建设实际情况，在梳理行政区各类林草资源数据基础上，制定林草资源数据库建设相关标准规范，包含数据分类与代码规范、数据质量规范和数据库规范等。

数据分类与代码规范明确林草资源数据分类的编码方法、代码结构和代码表，为林业资源数据采集、管理、建库及应用系统的建设提供统一分类与代码标准。

数据质量规范明确林草资源数据质量元素、缺陷分级，规定林草资源数据检查验收基本要求、程序、检查内容、抽样方法、质量评价方法及检查验收过程中相关的内容和格式要求。

数据库规范明确数据库分类和命名规范、数据结构定义、数据更新周期、更新方式及元数据等内容，为林业资源数据库的建设依据。

第 2 节　数据共享与服务规范

基于各行政区森林资源林业资源数据共享应用需求，为林草资源各类业务应用系统开发、纵向林业部门及横向其他政府部门信息共享提供规范依据，具体包含资源目录标准规范和数据共享与交换规范等。

资源目录标准规范明确林草资源数据资源目录总体框架、信息资源核心元数据、信息资源分类原则、信息资源标识符编码方案及资源目录体系建设、运行和管理要求。

数据共享与交换规范明确林草资源数据共享与交换总体架构、林草资源数据共享与交换基本要求、林草资源数据共享与交换基本流程等内容，为林草资源数据跨行业、跨部门、跨级别共享与交换提供支撑。

第 3 节　应用系统建设规范

基于数字林业云平台建设规划，建立智慧林草应用系统开发标准规范，为系统集成、信息集成和资源共享应用提供支撑，具体包含门户集成开发规范、运维集成开发规范和资源共享应用开发规范等。

门户集成开发规范明确了智慧林草应用单点登录、门户注册、应用访问的流程及接口访问规范，为智慧应用平台门户集成提供支撑。

运维集成开发规范明确了组织机构、用户、权限、日志接口访问规范，为智慧应用开发提供统一运维支撑。

资源共享应用开发规范明确了共享资源申请、审核、使用的规范，为资源共享应用提供支撑。

第 16 章 运行维护体系建设

提出设备维护、网络维护、安全系统维护、应用系统维护的机制和建设方案，明确自维护或代维护方式，提出年运行维护工作内容、工作量和费用测算依据。

第 1 节　运行维护设计

项目建成后，为了确保系统稳定运行和数据安全，以及软件不定期更新的需要，决定成立专门的系统运维管理机构，全面负责系统的运行、维护和管理。

1. 运维管理规范

充分做好运维管理是实施最基础和至关重要的环节，运维管理需求主要是进行运维管理中配套的管理制度、应急恢复预案的开发和制定工作、应急恢复预案及灾难恢复演练等。

(1) 配套管理制度

为保证正常运行及发生故障时系统切换的顺利和重要资料、数据能及时得到备份，需要对运维管理工作的基准、系统的配置、重要数据的存放配置等重要内容进行整理和归纳，并形成运维管理活动的基准文档。运维管理作为典型的管理项目，必须制定、颁布、推广、施行配套的管理制度，通过这些管理制度进一步细化管理流程、明确管理岗位职责、提出考核评价标准。

(2) 日常运维管理流程

为保证系统长期稳定运行，需要对备份系统日常操作流程、系统变更的协调管理流程、验证方法、制定有效的管理制度和流程，以保证系统的持续稳定运行。

2. 运维服务内容

(1)应用系统运行维护

组建实施小组中抽选富有经验的开发工程师、实施工程师等专业人员组成完善的运维服务团队，提供应用软件维护、流程配置、权限配置、系统参数配置、应用培训、系统运行管理和持续保障服务，实时响应问题请求，保证系统的正常运转。

(2)林草资源数据维护

根据林草资源数据更新周期及业务运行需要，承担年度多源遥感影像数据处理、年度林草资源基础数据质检与汇总、林草资源数据管理维护和数据管理分析统计汇总等工作，保证林草资源数据的时效性及运行稳定，为林草信息化综合应用平台及各业务应用运行提供数据支撑。

3. 运维服务提供方式

维护方式采用5×8小时，夜间、节假日远程值守(故障时由手机短信、邮件通知值守人员处理，同时人工定时上线检查系统运行情况)，达到7×24小时值班的要求。

定期巡检维护：定期对系统进行调查及检验，排除故障隐患，为建设单位安全可靠地使用系统提供有效的保障。

4. 运维服务质量与考核

确保系统平稳运行，能确保7×24小时稳定运行，系统出现故障时30分钟内响应，一般故障修复时间不超过4小时，严重故障不超过24小时，系统故障频率每月最多2次，同时提供应急响应措施。建设单位可以定期对项目运维机构进行服务质量检查与考核，指出检查不合格处，并进行指导建议，项目运维机构需及时完善并改进。

第 2 节　运行维护平台建设

1. 建设目标

建设完备的运维服务管理系统，整合机房基础设施、网络、系统、安全、应用及虚拟化资源等各类运维监测内容，综合监控、统一运维和对外服务，实现统一展现、统一告警、统一流程处理和自动化运维管理。运维服务管理系统应实现对电子政务外网、林草内网和云计算中心的资源统一运维、自动监控、故障预警处置等信息化管理。运维监控系统需与云计算中心机房动环监控系统、云管理平台实现高度集成，提供集中展现功能。

2. 系统架构

运维服务管理系统以 ITIL 服务管理规范为指导、以应用深度监控和综合监控系统为支撑、以配置管理为核心进行构建，整合机房基础设施、网络、系统、安全、应用及虚拟化资源等各类运维监测内容，综合监控、统一运维和对外服务，实现统一展现、统一告警、统一流程处理和自动化运维管理。详见图 16-1。

3. 功能要求

运维服务管理系统要实现标准接口、应用深度监控、运维工单和知识库、机房 3D 管理、登录门户、系统监控管理、虚拟化资源管理、资产管理和个性化定制开发改造等功能要求。

（1）标准接口

制定接口规范，方便与其他监控系统及下级运维系统的数据传输和交换，实现与数据网管系统、机房环境动力监控系统、安全监测系统、共享服务平台等系统，以及与上、下级运维系统的接口对接联动，既保护现有投资又发挥系统分布监控、集中整合、集中展现的优势，从而提供高效、集中的信息支撑服务。通过 SNMP、ICMP、NetBIOS、ARP、Traceroute、Telnet 等多种手段实现对众多厂商设备数据的收集。

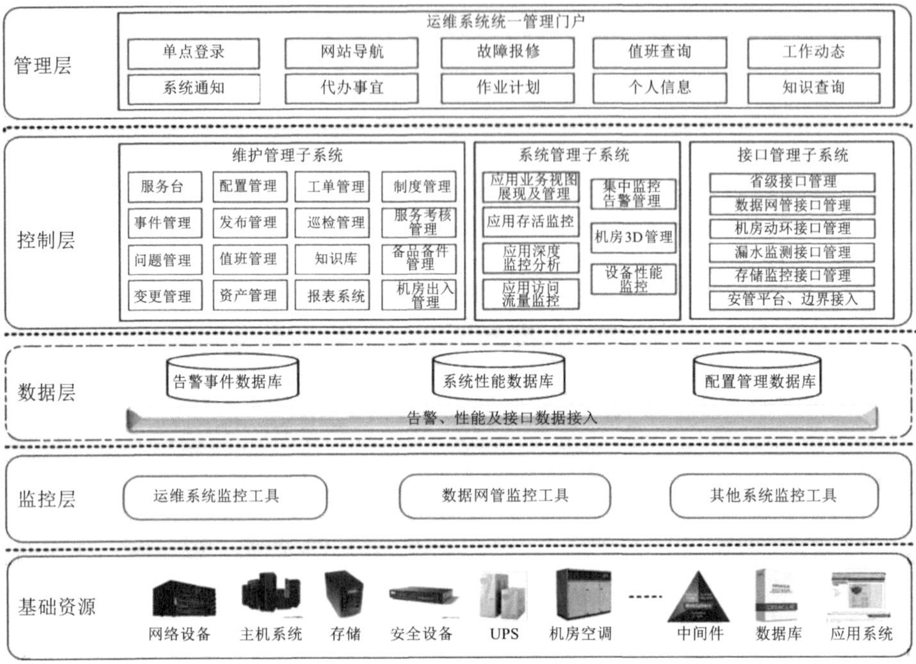

图 16-1　整体框架图

(2)应用深度监控

通过专用工具和手段实现应用深度监控和分析。监控应贯穿整个应用流程如应用程序服务器、中间件、传输协议、数据库，直至后台主机系统。监控数据包括请求开始、结束的时间，所用的中央处理器时间等，并且能够通过层层递进跟踪找到每个类、每个方法的响应时间，从而定位发生交易失败、响应恶化的请求，定位应用程序需要改进优化的环节。

(3)运维工单和知识库

引入工单流转功能，按照ITIL的流程制定科学的工单处理体系，包括工单的新建、领取、传递、审核、解决、关闭等要素。同时经典工单也能转化为知识库进行积累与共享，使得运维人员很方便地找到一些共性问题的处理方法，加快解决问题的时间，推进运维效率。部、自治区、市三级信息中心运维服务管理系统联动后，可以实现全网运维知识库的共享。

(4)机房 3D 管理

有条件的地方可引入 3D 新技术，实现机房资源的可视化三维管理，包括 3D 机房、基础空间、动力设施、设备资产、应用逻辑关系等的可视化管理及各类监控告警信息等可视化定位，提供机房真实的 3D 显示及人性化操作，实现机房管理质的飞跃。

(5)登录门户

运维服务管理系统应提供统一的登录门户，实现统一门户图形化管理。系统维护人员、管理人员和决策人员均可通过门户登录系统，获取有针对性的显示界面，所有与其工作职责相关的最新信息包括系统性能、待办事宜、作业计划等均包含其中，并可以通过该页面办理与该用户相关的工作事宜。同时，各级管理者、系统管理人员、服务台、用户等均可以按照自己的需求定制运维功能需求。

(6)系统监控管理

对系统组成的各种组件进行更加有效的监控管理，按照高覆盖、全监控、纵到底、横到边的监控要求，将网络、存储、小型机、服务器、负载均衡等所有硬件设备、数据库、中间件等均纳入监控范围。同时，更加细致地梳理各应用系统的系统架构图，分析各系统的模块组成，按照层次和逻辑逐层关注，形成立体式监控，能够快速定位问题源，及时识别并判断出问题的根本原因，提高解决问题的速度。

(7)虚拟化资源管理

引入云计算、大数据等技术后，运维服务管理系统应能整合异构虚拟化软件，统一实现对虚拟机、存储、负载均衡、虚拟网络等逻辑资源的实时监控、调度分配、综合分析、动态扩展等功能，提升运维服务云管理能力。

(8)资产管理

按照 ITIL 资产管理流程，考虑资产生命周期管理和资产信息维护管理两个方面，构建一套遵循资产生命周期的资产信息管理系统。生命周期包括采购、入库、备件、上线、下线、维修、过保、报废等多个资产生命状态。资产信息维护管理还应包括资产登记信息变更、保修管理、托管资产管理、资产状态管理及系统资产信息的查询汇总等所有有关资产行为管理方面的内容。资产信息维护管理实现资产信息与配置管理数据库、运维流程控制的动态关联。

所有告警信息在运维服务管理系统中应可通过电子邮件、短信、工单、电话等方式自动通知相关维护人员和责任人。

(9)个性化定制开发改造

运维服务管理系统需提供对自治区智慧城市信息基础平台个性化需求的支持，与机房动环数据、云计算中心机房动环监控系统、云管理平台实现高度集成，提供集中展现功能。

(10)接口开发

运维服务管理系统需提供与云管理平台、监控系统等对接，能够根据具体需求，提供接口开发。

第 17 章

存储系统建设

第 1 节　计算资源

1. TPC-E 计算方法

计算量根据 TPC-E 估算。根据建设内容评估计算资源需求(其中能力需求为等同方法预估)。

TPC-E 计算方法如下:

①系统同时在线用户数或操作数为(U1)。

②平均每个在线用户每分钟发出操作请求数(N1)。

③全部操作请求中,更新、查询、分析、其他各占 1/4。

④平均每次更新操作产生数据库事务数(T1)。

⑤平均每次查询操作产生数据库事务数(T2)。

⑥平均每次分析操作产生数据库事务数(T3)。

⑦平均每次其他操作产生数据库事务数(T4)。

⑧一天内忙时的峰值负载量倍数。

⑨经验系数为 1.6(实际工程经验)。

⑩考虑服务器保留 30%的冗余。

⑪数据库服务器需要的峰值处理能力计算公式为:

TPC-E=U1×N1/60×(T1+T2+T3+T4)/4×3×经验系数/(1-冗余系数)

2. 计算资源技术选型

x86 架构服务器均为 x86 指令集，CPU 可分为 Intel 公司和 AMD 公司产品。小型机服务器为基于 RISC 架构的服务器，为精简指令集，CPU 可分为 Intel 公司和 IBM 公司产品。其中大规模并行处理（MPP）是多台 x86 架构服务器通过网络互连，协同工作。

各种场景下的设备选型详见表 17-1。

表 17-1　设备选型表

	对称式多处理机（SMP）			大规模并行处理（MPP）
服务器种类	整体性能均衡的 x86 架构服务器	内存扩展能力较强的 x86 架构服务器	可靠性和安全性非常强的小型机	硬盘扩展能力较强的 x86 架构服务器，服务器之间通过互联网络连接
硬盘大小	2~4 块 300 G SAS 盘	4 块 900 G SAS 盘	4 块 600 G SAS 盘	12 块 4 T SATA 盘
CPU	4 路 6 核	2 路 12 核	8 路 4 核	2 路 8 核
内存	256 G	2 T	128 G	256 G
特点	机箱容量大，硬盘、CPU、内存等均可根据需要扩容。具备较多扩展槽位，同时配置均衡，能很好满足虚拟化应用的要求	机箱容量大，硬盘、CPU、内存等均可根据需要扩容。内存配置很大，将大量数据存储在内存中，大大提高系统处理速率	非常高的稳定性和可靠性，一年宕机时间不超过 5 分钟。能很好满足关键应用或核心数据库承载要求	机箱容量大，硬盘、CPU、内存等均可根据需要扩容。多台 x86 架构服务器通过互联网络连接，协同工作，完成相同的任务的服务器系统。硬盘容量大，可存储大量非结构化数据
应用场景	云资源池、外网数据交换平台	内存数据库	关键应用，核心数据库	大数据平台

通过以上分析，云资源池计算资源硬件建议采用性能均衡、扩展性好的机架式 x86 架构服务器。

3. 计算资源性能指标

(1)计算方法

①现有应用系统迁移后云资源池所需 CPU 数量计算。

云资源池 CPU 数量 = 现网服务器 CPU 个数×CPU 使用率÷(1-CPU 预留)

公式说明：现网服务器 CPU 个数，如 2 路 4 核单线程，则 CPU 个数为 2×4×1=8 个；CPU 使用率从现网环境中得到，如 20%；CPU 预留表示系统运行过程中，需要有一定的 CPU 预留资源，取值 30%。

②现有应用系统迁移后云资源池虚拟内存容量计算。

虚拟内存容量 = 现网服务器内存容量×内存使用率/(1-内存预留)

公式说明：现网服务器内存数量从现网环境中得到，如 8 G；内存使用率从现网环境中得到，如 20%；内存预留表示系统运行过程中，需要有一定的内存预留资源，建议取值 30%。

(2)性能指标

①服务器设备性能指标。

服务器必须具备 1000 Mb/s 以上网络端口接入能力，集成远程管理接口；服务器的硬盘、高速 x86 架构、插槽、网络接口、网络连接及电源等均应该考虑足够的冗余；应该支持电源、I/O 设备、存储设备的热插拔；服务器应该具有适当的扩充能力，包括 CPU 的扩充、内存容量的扩充及 I/O 能力的扩充等；并可支持 CPU 模块的升级和群集内节点数的平滑扩充。服务器可用性应该满足以下要求：要求平均故障间隔时间(MTBF)大于 1 万小时，可用性不小于 99.99%；系统故障平均维修时间(MTTR)小于 1 小时。

②计算资源虚拟化性能指标。

支持"一虚多"，即同一台物理主机上同时支持多种操作系统，或是相同操作系统的不同版，分区与分区之间相互独立，互不影响，个别分区的操作系统环境出现问题不会导致整个物理主机不可用；同时也要实现"多虚一"，即多个逻辑分区支持同一业务应用。

支持资源性能的动态调整。一方面，可根据业务实际按需调配资源，量化业务应用使用资源；另一方面，当资源池随用户规模增大导致性能下降或者异常时，资源池具备动态调整和扩充功能，提高应用的可用性和容错能力。

各厂家的服务器同在一个云资源池中，能够统一进行管理和资源动态调整分配，云计算分中心原有设备的利旧搭建测试、开发、培训平台需要做虚拟化设计，并满足以上要求，实现和云计算中心间的虚机漂移、资源管理分配等功能。服务器虚拟化要实现虚拟服务器之间的隔离保护、实现物理服务器的全部功能、实现资源的热添加、保证企业级高可用性、容错保护机制、计算资源的超额分配、动态资源管理、绿色能源管理等。

虚拟软件中需包含虚拟防火墙，保证虚拟机安全。虚拟防火墙本身是一个虚拟机，结合虚拟环境下虚拟交换机的使用，在一台或多台物理服务器下，形成了虚拟防火墙与虚拟交换机搭建的虚拟的三层网络结构，与传统的防火墙、交换机部署功能类似。一个虚拟防火墙可以管理一台或者多台虚拟机，为虚拟机提供安全防护和访问控制功能。

(3)利旧方案

建设资源池应充分考虑对原有设备的利旧，利旧应按照以下原则：①保护原有投资原则，对未到设备报废年限，满足虚拟化条件的服务器设备应尽量利旧。②性能匹配原则，对未到设备保护年限，但性能较低，在利旧虚拟化后，可能导致平台整体性能降低，影响应用效果的设备，应单独利旧，规划承载对性能要求不高、非关键性的业务系统。

第 2 节 存储资源

1. 存储资源需求分析

为满足公共信息平台建设、所有具备条件的应用系统云化迁移、虚机部署、基于云平台建设的应用所需存储的要求，需新增一批集中存储设备。

根据业务对存储设备的要求，采用集中式存储，并根据存储设备性能建立分区存储策略，为纳入云平台的应用系统、数据提供统一的高可用数据存储服务和存储管理服务。

2. 存储资源技术选型

各种场景下的技术选型详见表 17-1。

表 17-1　技术选型表

	NAS	FC-SAN	IP-SAN	大数据存储
特点	性能也较低，易部署，支持长距离、跨平台的共享文件服务器，可满足对访问性能要求不高的平台存放非系统类文件，例如大容量的音视频、办公文件资料、邮件备份文件、虚机镜像文件等	高性能、高可靠性的块存储，满足核心平台的虚机文件系统和数据存储需求，一般配置 SAS 盘，性能要求不高的可配置 SATA 盘	性能和稳定性中等的块存储，满足非核心平台（例如一般应用平台）虚机文件系统和数据库存储需求	以 Hadoop HDFS/HBase 为代表的大数据存储系统，主要适合存储大文件（以 G 甚至 T 为单位的文件），文件存储的节点同时也是计算的节点（计算靠近数据），适合于作为大数据分析数据的存储
系统架构	局域网+服务器+集中存储	服务器+FC 交换机+集中存储	服务器+以太网交换机+集中存储	服务器+互联网络
应用场景		云资源池		大数据平台

鉴于对数据的安全性和可靠性要求高，经过综合分析，集中存储建议采用 FC-SAN 方式。

3. 存储资源性能指标

（1）性能指标

①存储设备性能指标。

存储资源性能应满足以下功能：磁盘阵列平均无故障间隔时间（MTBF）应该大于 1 万小时，可用性不小于 99.99%；系统故障平均维修时间（MTTR）小于 1 小时。磁盘阵列不能存在单点故障。磁盘阵列必须能和主流厂家的主机系统相连。磁盘阵列必须满足多机高可用群集系统的需要。磁盘阵列应该采用 Ultra SCSI 接口或 FC－AL 接口，建议使用 FC－AL 接口，支持 RAID1＋0、RAID5、RAID0、RAID1、RAID0+1、RAID3 等；应该提供多通道、双电源及冗余风扇。磁盘阵列应该支持电源、磁盘等的热拔插要求。磁盘阵列设备必须具有较强的平滑扩充能力，包括系统存储容量的扩充及 I/O 能力的扩充等。磁盘阵列应该支持存储区域网（SAN）等存储、备份方式。磁盘阵列必须具备完善的存储系统管理软件，同时该软件应该能与主流的通用网管软件进行集成。磁盘阵列的缓存可以按照 1TB 磁盘容量配置 1 GB 以上缓存。FC 交换机需与 x86 架构服务器的刀框内部 FC 交换机同类型。

②存储资源虚拟化性能指标。

存储资源虚拟化应满足以下功能：存储资源“池”化，支持跨硬件平台，跨不同厂商的存储设备整合设备，将各种不同品牌、类型、分散的存储资源整合、虚拟成一个资源池，以提高整体利用率，降低管理成本；从应用和用户角度看，无须关注使用的物理磁盘及数据经过的具体路径和具体设备；动态、灵活调整，采用集中化管理方式，并根据具体需求将存储资源动态地分配给各个应用；同时根据数据的重要性、访问频度等情况，可以自动在不同性能的设备之间迁移。存储资源池应做虚拟化设计，包括基于存储厂商的存储设备的虚拟化及物理服务器硬盘的虚拟化两种方式，构建统一的虚拟化储存资源池。

（2）利旧方案

建设资源池应充分考虑对原有设备的利旧，利旧应按照以下原则：①保护原有投资原则，对未到设备报废年限，满足虚拟化条件的存储设备应尽量利旧。②性能匹配原则，对未到设备保护年限，但性能较低，在利旧虚拟化后，可能导致平台整体性能降低，影响应用效果的设备，应单独利旧，规划承载对性能要求不高、非关键性的业务系统。

第 18 章

网络系统建设

网络系统设计主要是搭建组网，实现数据的共享与传输。网络系统设计主要包括可靠性组网设计、网络架构设计、数据中心网络设计、网络出口设计、网络链路设计、网络负载均衡设计、网络路由规划、VLAN IP 地址规划、网络管理区规划及设备选型原则等。

第 1 节　网络系统设计概述

网络包括内网和外网，其中内网一般指局域网，覆盖范围一般是几千米，具备安装便捷、成节约、扩展方便、安全性高等特点，广泛应用于办公自动化领域，实现文件管理、应用软件共享、打印机共享等功能；外网一般指广域网，是连接不同地区局域网或城域网计算机通信的远程网，覆盖的范围可达几千公里，具备适应大容量与突发性通信的要求、适应综合业务服务的要求、开放的设备接口与规范化的协议、完善的通信服务与网络管理等特点，广泛应用于各类跨区域的数据共享与传输 。

1. 设计理念

林草天空地人一体化监测体系的网络系统设计需根据应用功能划分，常见的网络链路可分为“四张网”。其中第一张网为办公内网，服务于内部网络、视频、监控及相关数据的管理；第二张网为办公外网，对接辖区林草局办公外网；第三张网为电子政务外网，对接辖区内电子政务网；第四张网为会议专线，服务于网络视频会议通信。

2. 设计思路

林草天空地人一体化监测体系的网络系统设计，需整合并延伸办公内网、办公外网、电子政务外网和会议专线等基础网络资源，以云计算、物联网、移动互联网和大数据等信息技术为支撑，以服务各处室、各级林草局业务应用为目标，紧扣“一个中心、两个体系、四套网络、三个服务”的建设思路进行建设：以云计算中心建设为主线，新建机房和网络，采购硬件，实现硬件虚拟化；以云管理体系和保障体系建设为支撑，制定、完善标准和管理规范，建立统一运维管理及安全体系；建设办公内网、办公外网、电子政务外网和会议专线；以平台服务建设为基础，部署通用软件，搭建软件运行环境，以数据服务建设为核心，构建公共信息共享交换平台，实现跨部门的公共信息交换、共享，以应用服务建设为重点，拓展云计算应用，进行原有应用系统的迁移。

第 2 节　网络系统设计方案

网络系统设计主要包括可靠性组网设计、网络架构设计、数据中心网络设计、网络出口设计、网络链路设计、网络负载均衡设计、网络路由规划、IP 地址规划、网络管理区规划及设备选型原则等。

1. 可靠性组网设计

网络的可靠性是端到端的全程概念，它包括设备级、链路级、业务级等各层次的可靠性保证。全方位考虑多层级网络的可靠性，从而构建高稳定、可靠的网络平台。

(1) 网络设备可靠性设计

①网络设备可靠性。

网络设备级可靠性主要从设备自身可靠性、设备间热备份两个方面进行考虑。网络核心、汇聚层、高密度与关键业务接入层的关键设备必须满足电信级可靠性的要求：可靠性指标达到 99. 999%；网络核心设备采用全分布式体系结构，路由与转发分离；所有关键器件，如主控板、交换网、电源等都采用冗余设计，业务模块支持热插拔；网络核心设备支持不间断转发、主控板热备份，主备转换过程不影响业务转发，不丢包；网络核心设备支持软件在线升级，升级过程中业务不中断；网络核心设备支持软件热补丁，打补丁过程中主控板和接口板都不需要重启动，业务不中断。

②主要设备设计原则。

引擎（含主控）设计原则：引擎（含主控）设计需高可靠性的支持，既要对硬件部件进行备份，也要对数据和系统的中间状态信息进行备份。核心层设备采用冗余引擎，采用 HA 特性实现系统的高可靠性，在主控板发生故障时，快速、准确恢复系统的正常运行，从而增强系统的 MTBF。

电源设计原则：电源是电子设备正常运行的动力所在，为了有效增加网络设备运行的电源可靠性，网络规划的核心网络设备、汇聚层设备需配置冗余电源，以实现电源模块的 1+1 冗余备份。

模块和端口设计原则：区分上连、互连和下连链路，尽量保证彼此模块相对独立；同一机箱优先使用高编号槽位；同一模块优先使用高编号端口；确保 Channel 的所有端口使用相同模块。

（2）链路可靠性设计

链路可靠性设计主要考虑在网络的关键处采用链路冗余备份设计。多个外网核心交换机通过集群业务子卡相互连接在一起，形成多条堆叠链路，提高堆叠端口的带宽及可靠性。

（3）业务可靠性设计

网络是业务的承载媒介，设备、链路的可靠性设计归根到底都是为了保证业务的可靠性。业务可靠性设计主要是通过各种网络技术满足业务要求，避免产生流量分布不均衡或突发流量引起网络拥塞等问题。为提高网络的利用率、有效控制网络拥塞情况的发生，须引入流量管理，保障网络流量均衡，满足多业务、多应用对可靠性、时延、时延抖动等服务质量的不同要求。

2. 网络架构设计

网络架构设计采用标准的分层设计模型，在逻辑结构上分为核心层、汇聚层和接入层三个层次。其中，核心层需设置多台智能多层交换机，并采用设备全冗余、线路安全备份结构，为汇聚层设备提供高速的数据转发；汇聚层为接入层提供基于策略的连接和虚拟局域网之间的互联，控制和限制接入层对核心层的访问，保障核心层的安全和稳定；接入层根据接入点的数量，设置对应数量的以太网交换机作为接入层设备，通过裸光纤连接至汇聚层交换机。

（1）核心层设计

核心层的主要功能是提供高效、可靠的主干连接，必须最大限度地保障其网络的可用性和可靠性，在核心层内、外网链路出现故障时，必须维持网络的连通性。网络设备通过高速传输链路（千兆以太网或高速广域光传输网）相互连接，构成网络通信的骨干。主干网络中，核心层是数据流量的重心及将来部署各种新业务的重要节点，所以需要部署高可靠、全冗余、可扩展的网络设备来保障系统不间断运行。

为实现清晰网络层次，确保广域网线路的可靠连接。核心层需要使用多台高端多层交换机，负责纵向的汇聚点接入，通过双千兆裸光纤链路连接到各个汇聚节点，提供冗余、可靠的数据通路。

核心层设备的设计需满足以下要求：支持三层线速转发、低延时和良好的可管理性；支持更多协议以实现更多应用；支持基于多层的 QoS，提供基于业务的交换；支持高密度端口、可弹性扩展以适应越来越庞大的网络规模；能支持视频点播、视频会议、多媒体等组播应用，并减少网络拥塞；具有完善的安全控制；具有高可靠性、高稳定性，以实现 7×24 小时不间断运行；避免使用减慢包处理的进程，如访问列表包过滤等；具有界定一致的网络路径；关键部位做冗余设计（包括电源和机箱风扇的冗余、控制模块冗余、交换结构冗余）。

（2）汇聚层设计

汇聚层是楼群的信息汇聚点，是连接接入层和核心层的网络设备，为接入层提供数据的汇聚、传输、管理、分发全方位处理，例如，地址合并、协议过滤、路由服务、认证管理等。通过网段划分（如 VLAN）与网络隔离可以防止某些网段的问题蔓延。汇聚层为接入层提供基于策略的连接的同时，也提供虚拟局域网之间的互联，控制和限制接入层对核心层的访问，保障核心层的安全和稳定。

在各汇聚节点部署高性能的以太网交换机，汇聚层设备需满足以下性能：高性能交换；全方位的软件支持和高性能的网络增强服务；服务质量、安全、压缩和加密等网络服务的高速执行；提供高密度端口、局域网介质及广域网介质，并允许灵活地进行配置；公用端口适配器；支持多实例 MPLS VPN。

汇聚层设计需结合实际需求，并考虑到今后的发展，交换机建议选择多层交换机，并配备千兆光口板、万兆光口业务板、千兆以太网电口板等设备，用于核心交换机互连、与出口防火墙的互连、数据中心的接入、汇聚节点的接入。

多层交换机的上行接口、互连接口均作为三层接口使用，其中互连接口为单模双光纤链路捆绑，并启用集群技术，虚拟化为一台逻辑设备，提高核心层设备的可靠性、交换效率、灵活性，易于管理；对于汇聚节点、接入节点上相连的链路，同时启用链路捆绑技术，保证下层设备上行链路的冗余性，并可大大提高链路带宽。底层汇聚交换机通过单上行链路方式使用运营商提供的链路与核心交换机连接。同时，开启 OSPF，同核心层交换机建立邻居关系，构成三层网络结构；配置多个千兆光纤下行端口，下行通过千兆单模光纤与各单位和部门的接入层交换机相连。

(3)接入层设计

接入层通常指用户接入部分，提供用户对网络的访问，通过快速以太网直接连接到网络核心层、分发层的用户及第三层节点交换机的用户，传输各类型、不同容量的数据时，需提供区分服务、高密度端口、接入安全等，以保证安全、服务、认证等各项策略的实现。

为实现全用户的接入，须结合各接入单位的实际信息点数，配置对应数量的二层交换机，上行链路均使用运营商提供的链路与其对应的市、县的汇聚点连接。同时，对所有接入单位和机构划分 VLAN，并分配不同的 IP 地址段。根据互相访问及安全的需要，对不同的 VLAN 采用 ACL 或 VLAN 与 VPN 绑定的方式进行访问控制和隔离。

3. 数据中心网络设计

(1)内部数据中心

内部数据中心是为内部用户提供服务，可部署协同办公平台、短信平台、行政审批系统及政法委综治系统等。合理规划数据中心的网络部署，保障各种类型设备之间网络通信畅通及数据中心整体性能；合理规划数据中心的网络结构，保障数据中心日后的运行维护；合理规划数据中心网络安全设计，保障数据中心服务器的安全，免了单点故障的发生。例如，数据中心出口部署万兆防火墙，并配置为双机热备模式，实现数据流的访问控制，禁止互联网和外部数据中心对其的业务访问。

(2)外部数据中心

外部数据中心为公众提供服务，部分业务暴露在互联网上，须将外部数据中心连接到Internet出口防火墙的DMZ区，以保障Web、邮件等服务器的安全。出口防火墙公网区域口连接至上网行为审计设备，内网口连接核心交换机的上联口，DMZ口连接外部数据中心交换机上联口，用于全方位防护来自内部、外部针对外部数据中心的攻击。同时，在防火墙的DMZ口部署IPS入侵防御设备、抗DDOS攻击设备和Web防护设备，设备均做透明模式部署，不对外部数据中心的数据做任何地址或端口转换，以保证数据的高效转发。

4. 网络出口设计

须设计高速、安全、可靠、统一的内、外网出口。其中内网出口分别连接到多台核心交换机；外网出口需部署高性能的万兆应用级防火墙，并部署为双机热备模式，通过双上行链路连接至上网行为审计设备，市级外网平台出口直连核心交换机，为县级外网平台提供纵向的数据通信。

5. 网络链路设计

外网互联网出口方向，根据互联网出口带宽、实时在线人数来确定，确保出口带宽峰值高利用率。为保障网络运行的安全、稳定，外网出口设备须支持万兆接口，采用多条出口链路与不同ISP互联互通，随着用户规模扩大后，再启动扩容工程。充分利用现有链路，尽可能不新建，其中汇聚节点至核心机房、接入点至相应汇聚节点均采用租用运营商裸光纤或专线方式，内部组网采用多模光纤直连方式。

6. 网络负载均衡设计

为解决用户跨运营商访问时出现响应缓慢甚至没有响应造成无法访问的问题，确保政府关键业务的连续性和用户的满意度，须在互联网出口链路部署负载均衡设备，同时实现多链路的负载均衡。负载均衡设计需满足以下要求：

①对于出站流量，负载均衡设备接收到出站流量后，可智能地将访问ISP1的资源的出站流量分配到ISP1的接口，并做源地址的NAT(指定某一合法IP地址进行源地址的NAT，也可以用AD的接口地址自动映射)，保证数据包返回时能够正确接收，其他的出站流量通过ISP2的线路。

②对于入站流量，负载均衡设备分别绑定多个 ISP 的公网地址，解析来自不同 ISP 服务商的 DNS 解析请求，实现 ISP1 的用户通过 ISP1 的线路访问内部，其他的用户通过 ISP2 的线路访问内部。根据服务器的健康状况和响应速度回应 LDNS 相应的 IP 地址，同时通过多条链路分别与 LDNS 建立连接，根据 RTT 时间判断链路的好坏，并回应 LDNS 相应的 IP 地址。

③通过 DNS 透明代理技术、链路拥塞控制技术，实现对带宽资源的合理利用，避免过多用户被分配到同一链路，造成访问速度变慢。

④通过单边加速技术，无须在客户端安装任何软件、插件，便可提升用户访问速度。

⑤通过对外网内部地址进行地址转换，为用户提供稳定、安全的 Internet 访问服务，同时通过地址映射，为公众提供门户网站等服务。

7. 网络路由规划

（1）OSPF 动态路由规划

路由设计，关系网络的整体性能和功能，是网络设计中的一个重要环节，须采用灵活的设计思路，准确选择路由协议，从管理的方便性和技术的先进性两个方面进行规划设计，路由协议选择的基本原则如下：

①管理上层次分明，局部的变动不影响上层路由配置和全局路由配置；

②技术上应尽量简单、灵活，以提高路由器的处理效率；

③采用分层路由，将路由变化对整体网络路由结构的影响限制在最小范围内；

④充分考虑网络规模和双链路需求，网络结构在核心层采用动态路由协议，实现与外网平台双链路的冗余，实现流量的负载均衡。

（2）BGP 连接规划

①BGP 路由协议。

在 BGP 路由协议中，网络设备可建立两种邻居关系，EBGP 邻居及 IBGP 邻居。

EBGP 邻居：以林草“天空地人”一体化监测体系的 ASBR 为核心交换机，对多台核心交换机启用虚拟集群技术，逻辑上可视为一台核心交换机，所以 ASBR 在逻辑上也可视为一个，AS 出口只需一个。

IBGP 邻居：将网络规划在同一个 AS 内，网络设备不管是与外部网络互连，还是内部设备之间的互通，均形成 IBGP 邻居。按照 BGP 路由协议的要求，所有这些路由器必须保证是全连通的，即任意两台路由器之间都必须配置邻居关系。为解决 N 平方问题，可以采用分级反射器技术，减少 IBGP 邻居关系的建立，减轻路由协议本身对网络资源的占用。

②BGP 路由策略。

路由策略分为作用于路由发布、路由接收和路由引入过程的三类规则。由于定义一条策略等同于定义一组过滤器，可在接收、发布一条路由信息或在不同协议间进行路由信息交换前应用该过滤器，所以路由策略也常被称为路由过滤。

与路由协议配合使用的路由策略可用于强化网络管理者对路由协议的控制管理。上层路由协议在与对端路由器进行路由信息交换时，存在只接收或发布一部分满足给定条件的路由信息的情况；路由协议在引入其他路由协议的路由信息时，也存在只引入一部分满足条件的路由信息的情况，并对所引入的路由信息的某些属性进行设置，以使其满足路由协议的要求。路由策略则为路由协议提供实现这些功能的手段。

8. VLAN 和 IP 地址规划

(1) VLAN 规划

随着网络规模的扩大，网络变得越来越复杂。通常情况下，当用户转移到网络中另一个物理位置时，需要重新配置网络，甚至还有用户的工作站需要进行大量的管理工作。VLAN 的灵活划分与部署将通过减少网络中移动与变更所需要的资源，达到为用户节约资源的目的，同时 VLAN 能实现网络安全隔离与管理的自动化。

因为 VLAN 规划需要用户与办公环境高度一致，所以 VLAN 最好在实施之初讨论规划。先制定 VLAN 规划的设计思路，以办公楼部门划分，若部门人员较多，再以办公楼楼层细化 VLAN，不同部门 VLAN 之间可以做必要的访问控制，避免不同部门之间敏感信息的非授权访问。

(2) IP 地址规划

网络中的设备是以 IP 地址标识网络位置的，因此在组建网络之前，要为网上的所有设备包括服务器、客户机等分配唯一的 IP 地址。IP 地址的合理分配是保证网络顺利运行和网络资源有效利用的关键。对于计算机网络的 IP 地址的分配，应该尽可能地利用申请到的地址空间，充分考虑地址空间的合理使用，保证实现最佳的网络内地址分配及业务流量的均匀分布。

IP 地址空间的分配与合理使用与网络拓扑结构、网络组织及路由政策有非常密切的关系，影响网络的可用性、可靠性与有效性，IP 地址规划时需考虑未来业务发展对 IP 地址的需求。IP 地址空间分配，要与网络拓扑层次结构相适应，采用 CIDR 和可变长子网掩码技术，有效地利用地址空间，同时需满足路由协议的要求及网络地址的可管理性，便于网络中的路由汇总和聚类，缩短路由器中路由表的长度，减少对路由器 CPU、内存的消耗，提高路由算法的效率，加快路由变化的收敛速度。

IP 地址规划遵循以下原则：

①IP 地址的规划与分配应该考虑网络业务的飞速发展，满足未来发展的需要，预留相应的地址段；

②IP 地址的分配需要有足够的灵活性，能够满足各种用户接入，如拨号、专网用户等的需要；

③地址分配是由业务驱动，按照业务量的大小分配各地的地址段；

④IP 地址的分配必须采用 VLSM 技术，保证 IP 地址的利用效率；

⑤采用 CIDR 技术，可以缩短路由器中路由表的长度，加快路由器路由变化的收敛速度，也可以减小网络中广播的路由信息的大小；

⑥合理利用已申请的地址空间，提高地址的利用效率，在地址资源有限的时候，可以结合实际业务情况采用公有地址和私有地址结合的方式。

9. 网络管理系统规划

(1)建设目标

①实现管理手段质的飞跃。

采用综合的系统管理解决方案，部署一套安全、灵活、全面的网管监控系统、运维管理审计系统，从根本上改变传统管理工作只能依靠技术人员凭经验操作、问题出现后“紧急救火”等被动局面。从技术手段上保证计算机信息系统性能指标的可视性，预防问题出现、真正实现统一管理、集中监控，化被动为主动，在管理方面实现质的飞跃。

②从技术上保证业务运行质量、提高服务水平。

实现综合系统管理的目标，即快速地发现、定位自系统的各类问题、隐患，方便有效地对其进行分析研究，快速地隔离、解决这些问题，从而提高网络系统的可靠性，改善系统性能，提高业务处理效率。

③提高生产率。

改变以往传统的系统管理员手工操作复杂事务(如查找故障问题、数据统计等)、顾此失彼、事倍功半的工作方式，合理化系统故障处理的工作流，提高效率，减少出错。

(2)总体要求

网络管理系统规划遵循“准确、快速、简易、安全、全面、灵活”的总体要求：

①准确：要对网络的性能、故障、配置情况进行准确采集，保证管理信息的准确性；

②快速：稳定运行关系到各类关键应用的运行，对于各类网络故障，要求能够快速发现与定位，将故障的影响降低到最小；

③简易：使自治区林草内网建设项目综合网络管理系统如同使用Windows系统一样易学、易用，且易于维护；

④安全：自治区林草内网建设项目综合网络管理系统具有较高的安全性，能够有效防范越权使用及非法攻击；依据信息访问权限，向用户提供授权使用；

⑤全面：自治区林草内网建设项目综合网络管理系统可按照授权分级、分类采集网络上的各类设备信息，提供的检索结果要全面地涵盖网络设备运行情况；

⑥灵活：自治区林草内网建设项目综合网络管理系统应具有灵活的系统可移植性、可扩展性，便于在全网分布使用；便于扩展开发新的功能。

10.设备选型原则

设备选型要从国产设备优先，系统高稳定性，是否为主流技术、主流设备供应商、主流产品，高性价比等方面考虑，具体需满足以下原则：

①国产设备优先：为确保网络信息安全，网络及安全设备应优先考虑采用国产设备，在国内厂商无法提供相应产品时，应向相关主管部门申报，经批准后方可采用国外网络及安全设备；

②系统高稳定性：内网、外网将承载重要的业务系统，且是各部门共用的

网络，其稳定性是整个系统最重要的因素；

③主流技术：由于网络平台需要隔离不同部门间的数据流，而且要解决全网 IP 地址冲突的问题，因此该项目网络设备需要支持先进的 MPLS VPN 技术等；

④主流设备供应商：所选网络设备应考虑目前市场占有率大且发展前景好的厂家；

⑤主流产品：所选用的产品应该是厂家目前成熟的产品，已经有广泛的使用范例并得到了相关职能部门的检测和认证；

⑥高性价比：作为政府部门网络，产品的功能和性价比应该是用户选择产品十分重要的考虑因素。

第 19 章 安全体系建设

安全体系建设内容包括二部分：

一是技术安全保障：政务云部分的技术安全依托各级行政区政务云，包括安全物理环境、安全通信网络、安全区域边界、安全计算环境和安全管理中心，不列入项目总投资。

二是管理及制度安全保障：需满足相关安全管理要求的，依托各级行政区政务云的安全保障制度，在系统建设过程中，保证全过程的数据安全。

第 1 节 安全等级划定

最终将依各级行政区政务云进行建设，其信息化网络将依据《信息安全技术　网络安全等级保护基要求》(GB/T 22239—2019)、《信息安全技术　网络安全等级保护安全设计技术要求》(GB/T 25070—2019)、《信息安全技术　网络安全等级保护测评要求》(GB/T 28448—2019)、《信息安全技术　网络安全等级保护测评过程指南》(GB/T 28449—2018)等文件的统一要求，确定信息系统的安全保护等级。

该建设包含一定的敏感信息，一旦遭到破坏，将对社会秩序和公共利益造成严重影响，对国家安全造成一定损害，使业务能力下降，部分影响主要业务职能的开展和社会管理，属严重损害。

定级将依据业务应用系统安全等级矩阵表和系统服务安全保护等级矩阵表进行。业务应用系统安全等级主要是根据业务信息安全被破坏时所侵害的客体及对相应客体的侵害程度进行评定，详见表 19-1。

表 19-1　业务应用系统安全等级矩阵表

业务信息安全被破坏时所侵害的客体	对相应客体的侵害程度		
	一般损害	严重损害	特别严重损害
公民、法人和其他组织的合法权益	第一级	第二级	第二级
社会秩序、公共利益	第二级	第三级	第四级
国家安全	第三级	第四级	第五级

系统服务安全保护等级主要是根据系统安全被破坏时所侵害的客体及对相应客体的侵害程度进行定级，详见表 19-2。

表 19-2　系统服务安全保护等级矩阵表

系统安全被破坏时所侵害的客体	对相应客体的侵害程度		
	一般损害	严重损害	特别严重损害
公民、法人和其他组织的合法权益	第一级	第二级	第二级
社会秩序、公共利益	第二级	第三级	第四级
国家安全	第三级	第四级	第五级

作为定级对象的业务应用系统的安全保护等级由业务应用系统安全保护等级和系统服务安全保护等级的较高者决定。结合应用系统的功能特点，信息安全等级定级政务外网为第二级，林草内网为第三级。

第 2 节　安全技术体系

采用安全边界、入侵检测、入侵防御、数据加密、VPN、统一授权、身份认证、安全存储、虚拟化安全等一系列安全技术，构建面向应用的纵深安全防御体系；同时，针对应用系统实施安全加固，对系统敏感数据进行数据分类和防护。逐步建设覆盖全平台的安全预警系统，实现全网监测、预警与溯源。

1. 物理和环境安全

数据中心是系统运行的基础，因此必须保证物理环境的安全，按满足等级保护三级基本要求，物理安全防护包括物理位置的选择、物理访问控制、防盗窃和防破坏、防雷击、防火、防水和防潮、防静电、温湿度控制、电力供应、电磁防护等方面。

2. 网络和通信安全

网络和通信安全根据应用系统访问和安全等级保护的需求，通过防火墙等方式划分 VLAN，实现域间安全隔离。依托各级行政区“政务云”，满足等级保护网络和通信安全层面的第三级安全要求。通过防火墙、入侵防御、防病毒网关、VPN 技术、DDOS、流量控制、虚拟防火墙、边界接入控制以及终端安全等方式加强网络及边界安全。保证网络层级扁平化，构建基于虚拟化网络架构；分割不同网络区域并进行网络访问控制，确保各个网络区域有序访问；监测网络流量，并对异常流量识别和报警，监测网络设备运行情况。通过采集分析，形成报表，并在一定情况下发出报警、阻断等动作；实现对终端行为的可控、可管，及时报警和阻断非法连接，防止非法内联、非法外联，详见表 19-3。

表 19-3　网络和通信安全建设要求一览表

序号	策略要求	解决方案
1	结构性安全	自治区“政务云”已完成安全区域划分，并通过在数据中心各区域核心交换区配置冗余的交换设备，采用 IPS 技术、防火墙技术，实现重要网段和其他网段的逻辑隔离；采用 VLAN 技术，实现业务的逻辑隔离；传输链路采用负载均衡保障业务；采用网络设备及虚拟化网络设备的业务处理能力具备冗余空间，满足业务高峰期需要
2	访问控制	利用各级行政区“政务云”部署的防火墙，满足项目在网络层面访问控制要求

续表19-3

序号	策略要求	解决方案
3	网络安全审计	依托各级行政区“政务云”部署的上网行为管理设备、IPS设备。对网络流量监测以及对异常流量识别和报警、对网络设备运行情况监测、记录与审查用户操作计算机及网络系统活动的过程
4	边界完整性检查	依托各级行政区“政务云”部署的网络准入系统，对项目网络的连接状态进行监控，准确定位并能通过与网络设备联动，及时报警和阻断非法连接，防止非法内联、非法外联和一机两用
5	网络入侵防范	依托各级行政区“政务云”部署的 IPS 设备，及时识别网络中发生的入侵行为并实时报警并且进行有效拦截防护。可与防火墙配合，共同防御来自应用层到网络层的多种攻击类型，建立一整套的安全防护体系，进行多层次、多手段的检测和防护
6	恶意代码防范	依托各级行政区“政务云”部署的防病毒网关，防范蠕虫病毒的传播及查杀。满足项目对恶意代码防范方面的要求

3. 区域和边界安全

依据等级保护要求第三级中区域和边界安全相关控制项，结合安全区域边界对区域边界访问控制、区域边界入侵防范、区域边界恶意代码及垃圾邮件防范、区域边界安全审计、区域边界可信验证等进行安全设计，安全区域边界防护建设主要通过基于地址、协议、服务端口的访问控制策略，流量均衡控制、入侵防御、APT 攻击检测防护，以及安全审计管理等安全机制来实现区域边界的综合安全防护。其项目依托自治区“政务云”现有安全防护体系，满足三级等保要求，详见表 19-4。

表 19-4　安全区域边界建设要求一览表

序号	策略要求	解决方案
1	达到等保三级应用安全中的应用身份鉴别、边界防护的建设要求	依托各级行政区"政务云"认证体系，对"平台"使用对象进行认证
2	达到等保三级应用安全中的应用访问控制、安全审计的建设要求	依托各级行政区"政务云"数据中心部署的Web应用防火墙和Web漏洞扫描设备，为"平台"各业务应用系统提供集成应用防护、网页保护、访问控制、应用审计的能力
3	达到等保三级关于应用安全中的抗抵赖性、软件容错的建设要求	依托各级行政区"政务云"数据中心部署的网页防篡改设备，及时监测"平台"内各Web应用安全漏洞并修复，提升Web应用服务整体安全性能
4	安全审计：包括系统级安全、程序资源访问控制安全、功能性安全、数据域安全	系统级安全：应用平台在开发过程中，根据实际需求做好相关权限设置，例如IP段的限制、登录时间段的限制、连接数的限制、特定时间段内登录次数的限制等。 程序资源访问控制安全：对程序资源的访问进行安全控制，在客户端上，为用户提供和其权限相关的用户界面，仅出现和其权限相符的菜单及操作按钮；在服务端则对URL程序资源和业务服务类方法的调用进行访问控制。 功能性安全：根据实际需求，对应用平台程序流程进行控制，包括对业务操作的审核、上传附件大小限定等方面。 数据域安全：在应用平台实际开发过程中，一方面要考虑行级数据域安全，即用户可以访问哪些业务记录，一般以用户所在单位为条件进行过滤；另一方面要充分考虑字段级数据域安全，即用户可以访问业务记录的哪些字段，并进行细粒度控制。 依托自治区"政务云"网络审计系统对全网行为进行监控、日志进行记录

4. 设备和计算安全

根据等级保护要求第三级中设备和计算安全、应用和数据安全等相关安全控制项，结合安全计算环境对用户身份鉴别、自主与标记访问控制、系统安全审计、恶意代码防护、安全接入连接、安全配置检查等技术设计要求，安全计算环境防护建设主要通过自治区“政务云”现有的 PKI/CA 认证体系、Web 应用漏洞扫描、恶意代码防护、网页防篡改、安全审计等措施及系统和应用自身安全控制等多种安全机制实现。

(1)身份鉴别

对信息系统和各设备做好账号管理，包括身份标识和鉴别、登录失败处理等，采用双因子认证进行身份鉴别。

(2)访问控制

对信息系统和各设备做好账号管理，重命名或删除默认账号，删除或停用多余、过期账号；实现权限管理，授予用户最小权限、配置访问控制策略等。利用子网、安全组或主机安全服务等实现不同虚拟机之间的访问控制策略，且虚拟机迁移时应确保访问控制策略一致。

(3)安全审计

可以启用审计功能或通过部署虚拟化日志审计、虚拟化数据库审计进行安全审计，应包括用户行为和重要安全事件，审计记录应定期备份，避免受到未预期的删除、修改或覆盖等。

(4)入侵防范

应遵循最小安装原则，仅安装需要的组件和应用程序，做好配置管理或利用配置核查工具，确保关闭不必要的服务和端口；通过部署虚拟化漏洞扫描系统或者通过第三方漏洞扫描服务的方式做好操作系统和信息系统的漏洞管理，定期检测漏洞，并在测试评估后及时修复。利用子网、安全组和主机安全服务实现虚拟机间访问控制，并利用主机安全服务保护虚拟机，检测和阻断入侵行为，避免恶意代码感染和在虚拟机间蔓延。

(5)数据安全

针对数据安全防护要求，系统在开发、使用及运维过程中需采用相应的关键数据安全技术保障敏感数据不被泄露和篡改。

①敏感数据识别技术与数据脱密技术。

敏感数据识别技术可以从海量的数据中发现敏感数据，帮助组织建立系统的敏感数据分布视图，同时提供替换、位移、哈希处理、标记化及保留格式加密等脱敏算法，有选择性地对敏感数据进行脱敏处理，防止敏感数据在内部使用、外部共享等环节的泄露。

传统的敏感数据识别主要采取关键字、字典和正则表达式匹配等方式，自动化程度和准确率较低。随着人工智能和机器学习技术的应用，针对不同类别的敏感数据，机器学习技术可以实现大量数据的聚类分析，自动生成分类规则库，敏感数据自动化识别效率和准确率均大幅提升。

数据脱敏技术主要有三种。第一种是加密方法，通过加密算法对数据进行加密处理，起到保护的作用，但加密后数据会失去业务属性，不利于使用，这种方法适用于机密性要求高、不需要保持业务属性的场景；第二种是基于数据失真技术，例如随机干扰、乱序等不可逆算法，适用于群体信息统计或需要保持业务属性的场景；第三种是可逆的置换算法，通过位置变换、表映射、算法映射等方式，兼具可逆和保证业务属性的特征。

②数据泄露防护技术。

数据防泄露防护技术是保障重要数据不会以违反安全策略规定的形式流出的一类数据安全防护手段。针对终端数据泄露和存储数据泄露风险，可采用身份认证、进程监控、日志分析和安全审计等技术手段，监测和记录操作人员对重要数据的访问和操作情况，主动识别监控终端和存储中的敏感数据的使用和流动状况，对违规使用进行警告、阻断。针对网络数据泄露风险，通常采用网络流量分析、文档指纹、人工智能等技术，监控服务器、终端及网络中动态传输的敏感数据，发现和阻止敏感数据通过网络泄露。

随着人工智能技术的大量应用，智能化识别、监控和阻断将会成为数据泄露防护技术发展的趋势。数据泄露防护技术将实现用户行为分析与数据内容的智能识别相结合，从而实现数据的智能化分层、分级保护，并提供终端、网络、云端协同一体的敏感数据动态集中管控体系。

③结构化数据库安全技术。

结构化数据库安全技术主要是指数据库安全防护技术，可以分为事前风险评估、事中安全管控和事后分析追溯三类，其中事前风险评估主要采用数据库漏洞扫描技术，事中安全管控主要采用数据库防火墙、数据库加密、数据库脱敏技术，事后分析追溯主要采用数据库审计和数据水印技术。

④同态加密和多方计算。

为保障数据在交互合作时的机密性，可以采用同态加密和多方计算。

同态加密提供一种对加密数据进行处理的功能，对经过同态加密的数据处理得到一个输出，将这一输出进行解密，其结果与未加密的原始数据得到的输出结果一致。同态加密既能满足数据应用的需求，又能保护用户隐私不被泄露。

5. 应用和用户隐私安全

(1)应用层加密

对应用层数据传输过程中的数据防护提供加密机制，要保证敏感数据在传输过程中的机密性和完整性。同时，针对敏感分类以上的数据存储采用数据库字段级加密，保证数据在存储阶段的机密性。

(2)应用层访问控制

对应用层访问采用统一的身份认证管理机制，防止未经授权的访问。同时，对应用层的访问采取 Web 应用安全管控和敏感信息监测等机制。

针对来自互联网居民的访问，采用用户名、口令等形式的访问控制规则，并对访问数据做日志和审计记录。

针对客服人员、运维人员可采用数字证书加密形式，使用统一的身份认证管理机制，充分保障了用户在访问过程中的安全性，提供可供审计的日志。

(3)接口安全

用 https 代替 http，尽量避免在网络传输过程中的数据泄露，主要包括受限资源的授权：当前系统的 token 机制。

防止抓包进行数据篡改：URL 验签；客户端将所有请求参数(附加时间戳)按一定规则排序后进行不可逆加密(MD5)并生成签名(sign)一起传给服务端，后端接到请求后按照相同规则取出参数生成 sign 并与客户端传过来的参数做比较，如果不一样，则请求无效。

防止抓包后恶意攻击：根据传过来的请求中的时间戳做校验，超过一定时间则认为请求无效，为了使客户端时间与服务端时间保持一致，建议 App 端有一个与互联网时间保持一致的自己的时钟，而不是取手机的系统时间。

6. 数据全生命周期安全

(1)基于政务云的数据安全

数据安全主要包括数据完整性、数据保密性、备份和恢复三个方面，结合实际需求，在数据安全方面做如下补充(详见表19-5)：

表19-5 数据安全建设要求

序号	建设要求	建设方案
1	达到等保二、三级关于数据安全中的数据完整性、数据保密性的建设要求	依托各级行政区"政务云"数据中心内数据库审计设备和日志审计设备。能够监视并记录对数据库服务器的各类操作行为，实时地、智能地解析对数据库服务器的各种操作，一般操作行为(如数据库的登录，特定的操作如对数据库表的插入、删除、修改，执行特定的存贮过程等)都能够被记录和分析，分析的内容要求可以精确到SQL操作语句一级，并记录这些操作的用户名、机器IP地址、操作时间等重要信息，以提高数据库整体安全性能
2	满足数据及容灾的能力要求	依托各级行政区政务云数据中心部署的Web应用防火墙和Web漏洞扫描设备，为各业务应用系统提供集成应用防护、网页保护、访问控制、应用审计的能力

(2)基于项目自身的数据安全

①数据全生命周期保护。

以数据为核心，构建覆盖平台的安全保障体系，针对数据采集、数据传输、数据存储、数据共享与使用等环节采取相应的安全防护措施保障数据安全。

②数据分类分级。

为了保障数据在流转阶段及在终端用户驻留阶段的安全，需要对数据的特征进行识别，形成数据分类、分级知识库，将其统一纳入数据安全的管控和检测环节。

基于《信息安全技术　数据安全能力成熟度模型》(GB/T 37988—2019)，通过对用户业务场景及其数据的梳理，将分类、分级规则细化、优化至适应用户大规模实际生产数据的正确匹配，形成可嵌入对用户数据流进行自动识别匹配功能设备的分类、分级知识库。配合、协助用户制定相应的数据分类、分级防护策略，形成对数据生命周期各环节的安全管控和检查措施，并将数据分类、分级知识库落实到各项基于数据内容识别匹配的安全管控和检查手段中，包括数据鉴权、数据审计等，且根据各项管控和检查结果反馈对数据分类、分级规则进行迭代优化。

③数据采集安全。

接收各市民相关数据时，需要对数据来源、数据完整性及可追溯性进行验证。可以在数据采集阶段，通过用户认证、设备认证等方式，保障数据本身的完整性和真实性，确保数据来源的安全和可信，防止伪冒数据源的数据层安全攻击和破坏。

数据采集阶段的安全认证主要包括采集系统到数据源系统(数据库—数据库)的接口认证、用户身份认证，通过身份认证和账号等确权方式确保端对端双向数据链接的安全。

④数据传输安全。

数据在传输过程中，需要保障业务系统数据的机密性和完整性。应对重要企业数据、敏感个人数据进行分类管理，做好加密传输，包括但不限于以下措施：

依托电子政务外网设置专用加密通道，严格控制数据访问权限，确保安全，防止数据泄露、毁损、丢失；与其他外部系统进行数据交互时，应限定数据交互的格式，并采用密码技术保证传输数据的保密性和完整性。

⑤数据存储安全。

数据中心内部业务系统之间的数据(流式数据、数据库、文件等类型的数据)在“政务云”数据中心存储后，需要防范内部数据泄露、数据丢失等问题；为解决数据存储阶段的风险问题，应基于“政务云”已建的数据平台进行数据加密存储。应对存储的信息数据进行严格管理，通过磁盘阵列等方式定期、全面备份数据，提升容灾备份能力；同时平台的企业及个人信息和隐私信息等关键信息应在“政务云”存储介质和数据库中加密存储。

⑥数据使用安全。

数据库安全审计系统通过对用户访问数据库行为的记录、分析和汇报，以帮助用户事后生成合规报告、事故追根溯源，同时通过大数据搜索技术提供高效查询审计报告，定位事件原因，以便日后查询、分析、过滤，实现加强内外部数据库网络行为的监控与审计，提高数据资产安全。

应对平台的各类用户鉴别信息、重要业务数据进行脱敏处理，防止数据泄露；应通过技术手段防止重要数据被恶意爬取，可采用敏感数据识别技术与数据脱密技术、数据泄露防护技术、结构化数据库安全技术等；应保证存有鉴别信息及敏感数据的存储空间在被释放或重新分配前得到完全清除；应仅采集和保存业务所必需的用户和企业信息，禁止未授权访问和非法使用用户和企业信息。

⑦数据共享交换安全。

任何数据交换和信息共享过程都会对系统的安全性带来影响。应采取有针对性的安全措施，完善开放接口的安全防护能力，对数据交换和信息共享环节给予端到端的全过程监控，及时发现和解决问题隐患，以确保关键业务正常运转。数据资源在共享开放过程中，针对企业及个人隐私信息等高敏感数据(姓名、地址、身份证号码等)进行匿名化处理，防止数据泄露。针对数据共享的接口进行监控和审计，防止数据泄露。

⑧数据销毁安全。

在数据生命周期结束后，数据未被彻底删除，或存有敏感数据的介质未被销毁，一旦数据被恢复就会引发数据泄露的风险；数据销毁方法不当，导致被逆向还原的风险。因此，在数据生命周期结束后，需采用正确有效的销毁方式，对数据存储介质进行彻底销毁，防止数据被逆向还原。

7. 安全管理中心

依托各级行政区“政务云”建立的全网集中的统一安全管理平台，通过资产管理、脆弱性管理、事件管理、风险管理、策略管理、运维管理、应急管理等手段，对全网的网络设备、网络链路、主机系统资源和运行状态进行监测和管理，实现网络链路、服务器、路由交换设备、业务应用系统的监控与配置。通过安全管理平台，对安全设备、网络设备和服务器等系统的运行状况、安全事件、安全策略进行集中监测采集、日志范式化和过滤归并处理，以实现对网络中各类安全事件的识别、关联分析和预警通报。

8. 采用国产密码

根据国家相关要求，需要加强重要领域密码应用，对于新建网络和信息系统，应当采取符合国家密码管理政策和标准规范的密码进行保护，做到同步规划、同步建设、同步运行、定期评估。要将密码应用纳入信息化建设整体规划，要建立健全基于密码的数据保护等安全防护措施。信息系统的密码应用应依据《信息系统密码应用基本要求》（GM/T 0054—2018）采取相应保护措施，提升系统的安全防护水平。国家密码管理局根据国家《商用密码管理条例》制定了针对信息进行加密保护和安全认证的要求，需由支持国密算法（SM1/SM2/SM3/SM4/ SM7/ SM9）的产品构成完整的 PKI 体系，实现对网络传输数据的机密性保护、完整性保护和防篡改保护。

第 3 节　软件安全与保障

1. 软件安全开发

（1）客户端程序安全

针对移动客户端的安全检测，以客户端安全测试规范为指导原则，对客户端进行有针对性的安全评估，发现客户端的安全缺陷并提出整改建议，保证客户端的安全性，防止敏感信息泄露和其他安全问题。

①安装包签名。

移动应用安装时进行正确签名，并且在安装应用时对签名进行校验，签名异常时禁止安装。

②完整性检测。

移动应用安装时对安装包进行完整性校验，当检测到安装包被修改时禁止安装；

移动应用启动时进行检测，当检测到移动应用自身遭到修改时，提示并退出。

③反编译保护。

将代码进行混淆；使用技术手段对安装包进行保护，防止被反编译。

④运行环境检测。

对已 root 或越狱环境做出相应风险提示，必要时可退出运行。

⑤组件安全。

严格控制对组件的访问、操作。

⑥系统日志。

移动应用运行过程中涉及的敏感信息，不以明文或简单加密（单纯散列、哈希）形式出现在系统日志中。

（2）安全策略

①密码策略。

密码策略设置为：至少 8 位数，数字、大小写字母、符号至少四选二；密码强度在服务端做判断；修改密码、找回密码时对用户身份做校验。

②防暴力破解。

移动应用严格设置限制策略，使其能防范暴力破解攻击。

③会话安全。

移动应用在超过一定时间无操作后，提示退出登录状态或设置其他身份鉴别机制；移动应用在确保用户注销后，会话被终止。

④敏感信息清除。

在应用中填写的敏感信息，如果用户切出移动应用，应清除填写的相关信息。

⑤UI 信息泄露。

移动应用对登录时错误的用户名、密码做出相同提示；移动应用中敏感信息部分隐藏。

⑥图片验证码安全策略。

移动应用在使用图形验证码时，验证码由服务器生成；具有有效时间且仅能使用一次。

⑦短信验证码安全策略。

移动应用在使用短信验证码时，在服务端做校验；短信验证码至少设置 6 位数，并设置有效时间；在服务端设置短信验证码获取频率、次数限制。

⑧登录限制。

移动应用限制多终端同时登录，或在多终端同时登录时做出明显的风险提示。

(3)手势密码

移动应用使用手势密码时：用户使用取消、修改、忘记手势密码功能时需要进行身份验证；手势密码设置锁定策略；手势密码不使用明文或简单加密(单纯散列、哈希)存储；建议使用服务端验证。

(4)数据传输

①通信加密。

使用 HTTPS 加密传输，双向严格校验证书。

②数据保密性。

移动应用在传输数据时，对敏感信息进行加密。

③版本更新。

移动应用自动更新时，采取相关防护手段防止更新包被替换。

(5)数据存储

移动应用自身文件在不影响功能的情况下应设置权限，限制其他程序调用；移动应用不在内存、本地存储中保存用户密码、身份信息等敏感信息；移动应用卸载完成后，应在文件系统中清除残留用户信息。

(6)安全输入

键盘使用随机键盘，重新激活输入框时对键盘重新随机化；禁止截屏。

(7)业务逻辑安全

①重放攻击。

对敏感操作进行验证，防止数据包被篡改、重放造成的攻击。

②越权操作。

设置严格验证机制，防止通过修改参数造成的跨账户、跨权限操作。

(8)测试过程安全

不使用生产环境数据进行安全测试；移动应用上线发布前，删除用于调试的代码。

2. App 安全测试评估

App 安全测试评估详见表 19-6。

表 19-6　安全测试评估一览表

<table>
<tr><th>测试分类</th><th>测试项目</th><th>测试内容</th></tr>
<tr><td rowspan="3">客户端程序安全</td><td>安装包签名</td><td>测试客户端是否经过正确签名(正常情况下应用都应该是经过正确签名的，否则无法安装)</td></tr>
<tr><td>反编译保护</td><td>测试客户端安装程序，判断是否能反编译为源代码，是否存在代码保护措施</td></tr>
<tr><td>完整性检测</td><td>测试客户端程序是否在启动和更新时进行真实性和完整性校验，防范客户端程序被篡改或替换</td></tr>
<tr><td rowspan="3">敏感信息安全</td><td>文件权限检查</td><td>测试应用私有目录下的文件权限是否合理</td></tr>
<tr><td>数据文件</td><td>检查数据文件中是否有敏感信息</td></tr>
<tr><td>系统日志</td><td>检查客户端程序存储在手机中的日志</td></tr>
<tr><td rowspan="7">安全策略</td><td>口令策略</td><td>测试客户端程序是否检查用户输入的密码强度，禁止用户设置弱口令</td></tr>
<tr><td>账号登录限制</td><td>测试一个账号是否可以同时在多个设备上成功登录客户端，并进行操作</td></tr>
<tr><td>账户锁定策略</td><td>测试客户端是否限制登录尝试次数。防止木马使用穷举法暴力破解用户密码</td></tr>
<tr><td>会话安全设置</td><td>测试客户端是否在一段时间未操作后会话超时并要求重新登录，超时时间设置是否合理</td></tr>
<tr><td>界面切换保护</td><td>检查客户端程序在切换到其他应用时，已经填写的账号密码等敏感信息是否会清空，防止用户敏感信息泄露。如果切换前处于已登录状态，切换后一定时间内是否会自动退出当前会话</td></tr>
<tr><td>安全退出</td><td>测试客户端退出时是否正常终止会话</td></tr>
<tr><td>密码修改验证</td><td>测试客户端在修改密码时是否验证旧密码正确性</td></tr>
</table>

续表19-6

测试分类	测试项目	测试内容
通信安全	通信加密	测试客户端和服务端通信是否采用 https 加密
	证书有效性检测	测试客户端程序和服务器端 SSL 通信是否严格检查服务器端证书有效性。避免手机银行用户受到 SSL 中间人攻击后，密码等敏感信息被嗅探到
	关键数据加密和校验	测试客户端程序提交数据给服务端时，密码、收款人信息等关键字段是否进行了加密，防止恶意用户嗅探到用户数据包中的密码等敏感信息
业务功能测试	越权、重放等	具体测试内容包括但不限于：篡改造成的越权操作(如跨账户查询)、交易篡改(如修改金额，转账金额为负值)、特殊数据提交(如各种注入问题)、重放导致的多次交易，以及用户枚举和暴力密码破解等

第4节　安全需求及解决措施

从系统和应用的角度出发，应用系统的安全因素可以划分物理层、网络层、主机层、应用层、数据安全和安全管理六个安全层次。

1.物理安全需求

物理安全保护的目的主要是使存放计算机、网络设备的机房及信息系统的设备和存储数据的介质等免受物理环境、自然灾难及人为操作失误和恶意操作等各种威胁所产生的攻击。物理安全是防护信息系统安全的最底层，缺乏物理安全，其他任何安全措施都是毫无意义的。

物理安全主要涉及环境安全(防火、防水、防雷击等)设备和介质的防盗窃、防破坏等方面，具体包括物理位置的选择、物理访问控制、防盗窃和防破坏、防雷击、防火、防水和防潮、防静电、温湿度控制、电力供应、电磁防护等十个方面。

可以考虑此次项目建设按照国标《数据中心设计规范》(GB/T 50174—

2017)、《计算机场地通用规范》(GB/T 2887—2011)、《计算机场地安全要求》(GB/T 9361—2011)方面的要求实施，能够保证物理安全。

2. 网络安全需求

网络安全为信息系统在网络环境的安全运行提供支持。一方面，确保网络设备的安全运行，提供有效的网络服务；另一方面，确保在网上传输数据的保密性、完整性和可用性等。由于网络环境是抵御外部攻击的第一道防线，因此必须进行各方面的防护。对网络安全的保护，主要关注两个方面：共享和安全。开放的网络环境为各种资源之间的流动、共享提供了便利，但同时也打开了“罪恶”的大门。因此，必须在二者之间寻找恰当的平衡点，使得在尽可能安全的情况下实现最大程度的资源共享，这是实现网络安全的理想目标。

网络安全主要关注的方面包括网络结构、网络边界及网络设备自身安全等，具体包括网络结构安全、网络访问控制、网络安全审计、网络边界完整性检查、网络入侵防范、网络恶意代码防范、网络设备防护等七个方面，详见表 19-7。

表 19-7　网络安全一览表

主要技术要求	技术解决措施
网络结构安全	网络规划时应避免将重要网段部署在网络边界处且直接连接外部信息系统，重要网段与其他网段之间采取可靠的技术隔离手段； 采用 IPS 技术、防火墙技术，实现重要网段和其他网段的逻辑隔离； 采用 MPLS VPN 技术/VLAN 技术，实现跨广域网的逻辑隔离； 核心交换位置通过设备冗余保障业务； 广域网通过主备线路保障业务； 通过带宽保障技术保证重要主机能够正常运行
网络访问控制	通过防火墙技术，对用户网络和互联网之间的连接和其他业务往来单位的网络连接、用户内部网络不同部门之间的连接等进行访问控制

续表19-7

主要技术要求	技术解决措施
网络安全审计	通过网络安全审计系统（包括网管和行为审计），对网络流量监测以及对异常流量识别和报警、对网络设备运行情况监测。通过对以上几方面的记录分析，形成报表，并在一定情况下发出报警、阻断等动作
网络边界完整性检查	通过网络准入系统，全网中对网络的连接状态进行监控，准确定位并能通过与网络设备联动，及时报警和阻断非法连接，防止非法内联、非法外联
网络入侵防范	通过入侵保护系统监视所在网段内的各种数据包，对每一个数据包或可疑数据包进行分析，如果数据包与内置的规则吻合，入侵保护系统就会记录事件的各种信息，并及时阻断
网络恶意代码防范	部署防病毒网关在网络边界处对恶意代码进行防范
网络设备防护	要求网络中运行的设备具备强认证措施，管理员必须经过 2 种以上认证手段组合方能对设备进行管理

3. 主机安全需求

系统级的安全风险分析主要针对网络系统中采用的操作系统和数据库系统的安全漏洞和病毒威胁进行分析。由于操作系统及其应用系统的安全问题是天生固有的。随着人们对该操作系统及其应用系统的深入研究，这些安全隐患逐渐将被人们发现，对于不法分子而言，他们就可能第一时间利用这些操作系统及其应用系统的安全隐患对数据进行破坏。

由于安全措施主要针对网络系统，目前尚无针对服务器的保护措施，还不能抵御来自各种网络上的对服务器的攻击。如果不法分子进入服务器并对数据做出伪造、删除、窃取、篡改等攻击，都将造成十分严重的影响和损失。存储的数据对网络应用来说极为重要，如果恶意篡改，将导致难以想象的后果，这也是网络犯罪的最大特征。

主机安全主要包括主机身份鉴别、访问控制、主机安全审计、剩余信息保护、主机入侵防范、主机恶意代码防范、主机资源控制等方面，详见表 19-8。

表 19-8　主机安全一览表

主要技术要求	技术解决措施
主机身份鉴别	主机操作系统认证结合 CA 系统，对系统中的每一用户或与之相连的服务器或终端设备进行有效的标识与鉴别，只有通过鉴别的用户才能被赋予相应的权限，进入系统并在规定的权限内操作
访问控制	防火墙结合主机操作系统的权限设置，使用户只能根据自己的权限大小来访问系统资源，不得越权访问
主机安全审计	通过对系统形成的记录进行分析、生成报表，应涵盖服务器和客户端。同时，由于众多审计对象，需要部署一个审计中心接收各系统日志记录
剩余信息保护	对存放鉴别信息、文件、记录等存储空间，操作系统应在重新分配给其他用户前进行重新使用前的清除
主机入侵防范	结合网络入侵保护系统，加强对主机的入侵防护，同时配合漏洞扫描系统及时检查主机安全状况
主机恶意代码防范	部署防病毒系统，且与网关处的防范产品不同，实现主机防病毒
主机资源控制	结合负载均衡技术、主机操作系统用户登录技术，限制单个用户的多重并发会话、限制最大并发会话连接数、限制单个用户对系统资源的最大和最小使用限度、当登录终端的操作超时或鉴别失败时进行锁定、根据服务优先级分配系统资源等

4. 应用安全需求

除了网络、主机的安全防护，应用安全是信息系统整体防御的最后一道防线。在应用层运行着信息系统的基于网络的应用以及特定业务应用。基于网络的应用是形成其他应用的基础，包括消息发送、Web 浏览等，可以说是基础应用。业务应用采纳基本应用的功能以满足特定业务的要求，如电子商务、电子政务等。由于各种基础应用最终是为业务应用服务的，因此对应用系统的安全保护最终就是如何保护系统的各种业务应用程序安全运行。

应用安全主要涉及应用身份鉴别、应用访问控制、安全审计、剩余信息保护、通信完整性、通信保密性、抗抵赖、软件容错、资源控制等九个方面。详见表 19-9。

表 19-9　应用安全一览表

主要技术要求	技术解决措施
应用身份鉴别	通过应用系统和 CA 系统认证的组合，对登录的用户进行身份鉴别，以确保用户在规定的权限内进行操作
应用访问控制	通过应用系统的用户权限控制，保证应用系统受控合法使用。用户只能根据自己的权限大小来访问应用系统，不得越权访问
安全审计	通过形成的记录能够分析、生成报表，应涵盖用户登录情况、系统功能执行及系统资源使用情况。同时，由于审计对象众多，需要部署一个审计中心接收各应用系统日志记录
剩余信息保护	对存放鉴别信息、文件、记录等存储空间，应用系统应在重新分配给其他用户前进行重新使用前的清除
通信完整性	对于通过网络与最终用户之间传递的数据，部署加密系统保护数据以免在传输时被擅自修改
通信保密性	对于通过网络与最终用户之间传递的数据，部署加密系统保护通信数据不被窃听
抗抵赖	部署身份认证系统，通过身份认证与 IP 地址的审计，防止双方否认数据所进行的交换
软件容错	应用系统应对人机接口输入或通信接口输入的数据进行有效性检验；允许按照操作的序列进行回退；在故障发生时继续提供一部分功能，或者对重要数据进行保存
资源控制	应用系统应具有限制单个用户的多重并发会话、限制最大并发会话连接数、限制单个用户对系统资源的最大和最小使用限度、当登录终端的操作超时或鉴别失败时进行锁定、根据服务优先级分配系统资源等功能

5. 数据安全需求

信息系统处理的各种数据(用户数据、系统数据、业务数据等)在维持系统正常运行上起着至关重要的作用。一旦数据遭到破坏(泄露、修改、毁坏)，都会在不同程度上造成影响，从而危害系统的正常运行。由于信息系统的各个层面(网络、主机、应用等)都能对各类数据进行传输、存储和处理等，因此，对数据的保护需要物理环境、网络、数据库和操作系统、应用程序等提供支持。将各个“关口”把好了，加上数据本身具有一些防御和修复手段，必然将对数据造成的损害降至最低。

另外，数据备份也是防止数据被破坏后无法恢复的重要手段，而硬件备份等更是保证系统可用的重要内容，在高级别的信息系统中采用异地实时备份会有效地防止灾难发生时可能造成的系统危害。

保证数据安全和备份恢复主要从数据完整性、数据保密性、数据备份恢复等三个方面考虑，详见表 19-10。

表 19-10　数据安全一览表

主要技术要求	技术解决措施
数据完整性	主要的操作系统和应用系统应能检测/验证到系统管理数据、鉴别信息和用户数据在传输过程中、存储过程中完整性受到破坏，并在检测到完整性错误时采取必要的恢复措施
数据保密性	网络设备、操作系统、数据库系统和应用系统的鉴别信息、敏感的系统管理数据和敏感的用户数据应采用加密或其他有效措施实现传输保密性和存储保密性
数据备份恢复	部署 IP SAN 数据备份恢复系统，采用自动备份机制对重要信息进行本地和异地备份，重要信息能够恢复，重要业务系统具有系统级热备份。重要网络设备、通信线路和服务器应提供硬件冗余

6. 安全管理

通过制定安全管理方案，建立安全管理体系，保障项目的实施和建设。

第 5 节　管理安全保障

面对形形色色的安全解决方案，“三分技术、七分管理”。仅有安全技术防护，而无严格的安全管理相配合，是难以保障网络系统运行安全的，系统必须有严密的安全管理体系来保证系统安全，主要建设内容包括安全组织架构管理、安全制度策略管理、安全管理流程和安全运维管理四个部分。

1. 安全组织架构管理

信息安全管理组织是确保落实信息安全决策、支撑信息安全工作开展的基础。在信息安全建设过程中，信息安全制度规范的建立、日常安全的管理、具体控制措施的贯彻执行，以及对信息安全管理方针贯彻落实情况的监督等工作的开展都需要一个完善、有效的信息安全组织架构来支撑。信息安全管理组织建设的目的主要是通过构建和完善信息安全管理组织架构，明确不同安全角色的定位、职责以及相互关系，强化信息安全的专业化管理，实现对安全风险的有效控制。

为确保平台的顺利实施和安全运营，必须要建立一个完善的安全组织架构。

①建议设立项目系统安全领导小组，负责领导安全管理建设，协调建设单位和运营单位的关系。

②建立安全管理机构。负责组织安全建设和运营安全管理，并在安全实施过程中取得相关部门的配合。安全管理机构内设网络管理员、安全管理员等。

③设立安全专家技术咨询组，负责安全咨询、重大问题的决策等。

④逐步建立和完善应急响应支援体系，确保突发重大安全事件时，能得到及时的响应和支援。

2. 安全制度策略管理

明确安全工作总体方针、安全策略、管理制度、操作规程，制定系统运营管理制度流程文档，主要包括如下制度文档：

安全管理制度：安全总体管理办法、安全组织及职责管理规定、信息安全技术类制度管理规定、工作人员网络与信息安全管理规定、第三方工作人员网络与信息安全管理规定、主机防病毒安全管理规定、系统口令管理规定、数据备份和恢复管理规定、安全事件处理和应急管理规定、变更安全管理规定、运维安全管理规定等；

安全定责规范：设备提供方安全责任、应用提供方安全责任、服务提供方安全责任、应用开发方安全责任、运营方安全责任等；

安全工作执行表：各部门岗位安全人员列表、安全管理人员列表、常用信息安全组织机构信息表、安全顾问名单、内部人员联系表、安全管理制度意见表、安全管理制度记录清单、安全管理制度收发登记记录表、安全管理制度评审记录表、系统重要操作申请表、系统安全检查记录表、月度安全检查(针对安全管理员)、安全检查(针对安全审计员)、年度安全培训计划表、安全培训用户签到表、人员安全考核记录表、员工保密协议、“第三方”人员保密协议、平台资产清单、信息访问申请表、安全设备配置记录表、软件资产配置记录表、数据资产配置记录表、数据备份记录清单系统运行变更申请表、配置变更申请单、安全事件应急响应人员职责清单、系统供应商联络清单、应急响应事件处理记录等。

3. 安全管理流程

①流程制定：建立健全流程管理制度，主要建设的安全管理流程有安全管理制度编制及发布流程、安全评估检查工作流程、安全培训及考核流程、等级保护定级工作流程、安全开发规范使用流程、系统上线前风险评估工作流程、系统等级保护测评工作流程、第三方人员网络访问申请审批流程、数据备份流程、数据恢复流程、系统变更安全管理流程、安全事件处理流程、重大安全事件应急响应流程等。

②流程变更维护：定期维护和修订相关的管理制度。

③流程发布：根据需要，定期发布变更后的全套流程到相关的组织范围内，并对发布的流程进行相关的培训。

4. 安全运维管理

安全运维管理是系统的管理工作，要建立运营管理制度和流程，制定安全运维服务规范指南，开展基础防护和积极防护相结合的安全运维服务。对信息资源、应用及用户进行统一的安全管理，保障系统全生命周期的安全可控和安全体系的自适应。

(1)设备维护管理

对各种设备包括冗余备份的设备、线路制定专门的部门或人员进行维护管理，并建立配套的软硬件维护方面的管理制度，明确维护人员责任、维修和服务的审批、维修过程的监督控制等；信息处理设备必须经过审批才能带离机房或办公地点，存储介质带出工作环境必须加密重要数据，存储介质的设备在报废和重用前，须确保设备上的敏感数据和授权软件无法进行恢复重用。

（2）网络和系统安全管理

分配不同的管理员进行网络和系统的运维管理，明确其岗位职责，指定专门的部门或人员进行账号管理，对账号的申请、建立、删除等进行控制。建立完善的网络和系统安全管理制度，对安全策略，账户管理，配置管理，日志管理，日常操作，升级与补丁、口令更新周期进行规定。制定重要设备的配置和操作手册，并根据手册进行安全配置和优化。记录运维操作日志，包括日常巡检工作、运行维护记录、参数的设置和修改等内容。指定专门部门或人员对日志、监测和报警数据等进行分析、统计并及时发现可疑行为。严格控制、审批运维管控工具的使用及远程运维权限的开通，操作结束后须立即关闭运维接口或通道。确保所有与外部链接的行为得到授权和审批，定期检查无线上网或违反网络安全策略的行为。

（3）安全事件处置

向安全管理部门及时报告发现的安全弱点和可疑事件，制定安全事件报告和处置管理制度，明确不同安全事件的报告、处置和响应流程，规定安全事件的现场处理、事件报告和后期恢复的管理职责，在安全事件报告和响应处理过程中分析和鉴定事件产生的原因，收集证据，记录处理过程，总结经验教训；对造成系统中断和造成信息泄露的重大事件采用不同的处理程序和报告程序。

安全运维服务规范指南包括但不限于对等级保护测评及风险评估、软硬件资产安全漏洞和风险评估、网络和系统安全基线评估加固、渗透测试、系统源代码审计、恶意代码防范、安全设备配置、管理账号密码、变更管理、备份与恢复、日常安全巡查、安全应急响应/演练、安全事件研判分析、安全事件通报预警等服务工作进行规范并制定流程。

第 6 节　安全运维体系

1. 安全事件应急响应机制

为提高系统对安全事件的应急处理能力，规范安全服务应急响应流程，保障用户在遭受紧急状况时的资产损失降低到最低，并在规范的流程下进行修复，保障业务的连续性和问题的可追踪性，需按照《信息安全技术　信息安全应急响应计划规划》(GB/T 24363—2009)的要求，制定相应的安全应急响应流程。

(1)成立信息安全应急工作小组

信息系统的信息安全服务工作开展需在大数据中心的安排下进行，应急工作小组内部成员由大数据中心对信息化、网络和信息安全领域熟悉的人员组成。外部成员可以是安全厂商的专业技术骨干、技术人员或精通网站、网络、数据等领域的专业人士等。

(2)建立信息安全应急事件工作流程

需建立标准化的信息安全应急事件工作流程，由信息安全应急工作小组完成日常工作和突发安全事件应急处理工作，由工作小组组长负责安排，对外由总负责人进行统一协调。

日常工作主要指定期的业务流程梳理、安全评估、脆弱性分析等，以每季度一次，周期性进行。

突发事件处理主要指对已发生的安全事件紧急处理和对已发现的安全漏洞进行紧急修复。由工作小组总负责人判断事件类型，并遵照分级响应的原则，以电话通告应急小组各级别人员；同时，根据专项的应急响应预案，准备专项的设备、工具等，赶赴现场，开始应急处理。

(3)完善信息安全应急演练预案

系统需建立健全网络与信息安全运行应急工作机制，以检验网络与信息安全综合应急预案和业务技术专项应急预案的有效性，验证相关组织和人员应对网络和信息安全突发事件的组织指挥能力和应急处置能力，保证各项应急指挥调度工作迅速、高效、有序地进行，满足突发情况下网络与信息系统运行保障和故障恢复的需要，确保信息系统安全畅通。同时应通过预案演练，不断提高开展应急工作的水平和效率，发现预案的不足，进一步完善应急预案。

2. 安全等级测评

《国务院关于大力推进信息化发展和切实保障信息安全的若干意见》(国发〔2012〕23 号)要求落实信息安全等级保护制度，开展相应等级的安全建设和管理，做好信息系统定级备案、整改和监督检查。

需依据国家网络安全相关标准，在建设安全技术体系、安全管理体系、安全运维体系以保障安全运行的过程中，统一实施等级保护测评及风险评估工作，具体工作内容如下：

等级保护测评：遵循国家等级保护管理要求，进行符合等级保护的安全建设，通过信息安全等级保护测评，验证整个的安全建设工作的成果，验证系统是否符合等级保护要求，确定该项目的信息系统安全保障能力。

3. 安全风险评估

等级保护对风险评估提出了明确的要求；国家电子政务信息安全风险评估相关要求也提出，国家电子政务网络、重点业务信息系统、基础信息库以及相关支撑体系等国家电子政务工程建设项目应开展信息安全风险评估工作，主要内容包括：分析信息系统资产的重要程度，评估信息系统面临的安全威胁、存在的脆弱性、已有的安全措施和残余风险的影响等。通过对平台的技术、管理等方面持续开展风险评估，评估管理安全水平、网络安全水平、主机安全水平、数据安全水平、应用安全水平，汇总安全风险值，从整体上明确安全风险状况。风险评估的具体方法可以包括人工访谈、问卷调研、技术检查、控制台审计等，风险评估工作应每年至少开展一次，并形成平台风险评估报告。

第 7 节　网络安全系统设计

1. 政务外网安全设计

总体要求电子政务外网按《信息安全技术　网络安全等级保护基本要求》(GB/T 22239—2019)第二级要求进行设计，按《国家电子政务外网安全等级保护实施指南》(国家电子政务外网管理中心 2014 年 1 月)实施。

政务外网必须要通过各种安全设备的防护和加固，来实现政务应用系统间的安全隔离和受控访问。在安全基础建设中，须考虑防火墙、网络行为管理、MPLS/VPN 技术及安全认证和访问控制等多项安全策略，以满足政府对网络安全的要求。

2. 内网安全设计

内网安全按《信息安全技术　网络安全等级保护基本要求》(GB/T 22239—2019)第三级要求进行设计，涉密系统按《涉及国家秘密的计算机信息系统分级保护技术要求》(BMB17—2006)相应要求进行设计。

随着互联网技术的发展，网络越来越成为人们生活、学习不可缺少的一部分，然而由于网络是开放式结构，用户可利用黑客软件或其他方法了解网络里的各个细节，为了防止一些敏感信息被外部攫取或者泄露，大多采取防火墙、信息检测、网络管理软件等一系列的方法来保护数据，但是由于这些都属于软件设备，所以谁也不能保证它们的后门、BUG不会被人利用来进行攻击。解决这些问题最好的办法就是让用户自己的重要信息不与公共信息网(如互联网)有任何物理上的连接。

第8节　网络平台建设的应用安全需求

1. 网络平台纵、横向连接的安全需求

由于内网平台网络的覆盖范围大，纵向连接到底、横向连接到边，连接部门、用户多，组网的方式也各不相同，加之内部安全防御措施比较脆弱，并且与互联网逻辑隔离，很难保证不存在来自外部和内部用户的安全威胁。所以，应提升网络服务的可用性，提高其抗击攻击的能力。

2. 防病毒的安全需求

目前，计算机病毒的种类与传播媒介日益增多，在众多的病毒传播媒介中，网络已经成为病毒的主要传播途径，网络文件共享、电子邮件等通信手段极易为病毒所利用，因此，计算机病毒已经对计算机系统和网络系统构成了严重的威胁。

3. 被保护数据的安全需求

网络安全的问题主要是数据的安全，被保护的对象也主要是数据。数据中

心存放大量各部门的共享数据、交换数据和部分私有数据，对这些数据的保密性、完整性和可用性的保护亦极为需要。

4. 保护重要资源的安全需求

网络平台和数据中心存放有大量的网络设备(路由、交换等)、计算设备(小型机、服务器等)和存储设备等，对这些设备的安全保护也极为必要。一些网络上的不法分子会利用信息网中的各种资源，如硬盘空间、内存、CPU 的运算能力等供自己使用，造成在网络用户想使用这些资源时却无法获得，所以必须保护网络平台中的各种资源不被他人盗用。

第 9 节　网络安全系统部署

安全系统部署包括 MPLS VPN、防火墙、流量管控、网络行为审计、SSL VPN、IPS 入侵防御、WEB 防护、抗 DDOS、系统安全、数据安全等方面的部署与设计。

1. MPLS VPN

MPLS(multi-protocol label switching，多协议标签交换技术)是一种在开放的通信网上利用标签引导数据高速、高效传输的新技术。它的价值在于能够在一个无连接的网络中引入连接模式的特性；其主要优点是减少了网络复杂性，兼容现有各种主流网络技术，能降低 50%网络成本，在提供 IP 业务时能确保服务质量和安全性，具有流量工程能力。此外，MPLS 能解决 VPN 扩展问题和维护成本问题。MPLS 技术是下一代最具竞争力的通信网络技术。

系统一般通过局域网交换机或路由设备将业务接入到核心层 PE 设备和汇聚层 MCE 设备上。针对各政府职能部门，规划五类 VPN 以满足现行条件的业务需求，这五类 VPN 为：

①纵向 VPN：满足各职能部门省(自治区、直辖市)、地(市)、县(区)级的纵向数据访问。

②横向 VPN：满足部分自治区政府各职能部门、兄弟单位的共享数据访问。

③Internet VPN：针对 Internet 出口设计的 VPN，将这个出口单独创建一个 VPN，是方便对 Internet 出口进行控制与管理。

④网管 VPN：满足网管服务器和安全策略服务器等综合安全管理资源对全网的访问。

⑤内部数据中心 VPN：为各级行政区政务网内部数据中心设立的 VPN，通过这个 VPN 与其他部门的路由标签互相引入，实现自治区电子政务平台相关资源对所有职能部门的共享。

2. 防火墙

系统改造防护方案的总体目标是抵御病毒、黑客等通过各种形式发起对信息网络与服务器系统的恶意破坏和攻击，重点保护外网及外网服务器系统网络的安全，降低和杜绝网络风险，减少信息安全事故隐患，防止由此引起网络系统事故，从而保障外网及外网服务器资源的安全、稳定、环保运行。安全总体方案设计将在保证物理安全和网络运行安全的基础上，确保信息的产生、存储、传递和处理过程中保密性、完整性、可用性和抗抵赖性，提高区域边界设备的吞吐量以适用现在网络的出口流量。

防火墙是面向应用层设计，能够精确识别用户、应用和内容，具备完整安全防护能力，能够全面替代传统防火墙，并具有强劲应用层处理能力的全新网络安全设备。它解决了传统安全设备在应用管控、应用可视化、应用内容防护等方面的巨大不足，同时开启所有功能后性能不会大幅下降。

它不但可以提供基础网络安全功能，如状态检测、VPN、抗 DDOS、NAT 等；还实现了统一的应用安全防护，可以针对一种入侵行为中的各种技术手段进行统一的检测和防护，如应用扫描、漏洞利用、Web 入侵、非法访问、蠕虫病毒、带宽滥用、恶意代码等。防火墙还可以为不同规模的行业用户的数据中心、广域网边界、互联网边界等场景提供更加精细、更加全面、更高性能的应用内容防护方案。

3. 流量管控

网络流量管控设备一般都会通过以下的方式对流量进行管理：

①分类网络流量：可以根据应用、协议、子网、Web 页面、用户及其他等等方面将流量隔离开来，也可以识别内部网的应用，比如说每个基于 Citrix 的应

用或打印流量、语音与 VoIP、ERP 流量、SAP、Oracle、即时通信、游戏以及众多的其他类型的流量。

②评估带宽利用：发现顶级带宽消费者，提供详细诊断及测量数据。

③管理控制：根据策略对流量进行整流，确定链路使用权，以用户（组）、会话、流、地址（组）、应用（组）、时间（组）等为基础对带宽使用进行保护、调整、限制或者提供。

④报告结果：通过图形或表格来体现网络的历史性能、负载、效率、服务质量（QoS）。

4. 网络行为审计

利用先进的网络行为管理系统对机关干部上网进行控制，是最有效的手段。

（1）网络行为管理的效果

网络行为管理通过系统的合理部署和策略设定，实现：

①网络行为监控。实时查看用户当前的上网情况，如当前在线的用户，其访问的 IP 地址信息、网址信息、应用服务信息、流量、占用带宽等。对网页浏览、上传下载文件、炒股、聊天、Email 收发等都能够提供行为管控，全面限制与工作无关的网络行为，为电子政务外网保留更多的带宽资源。

②日志记录。网络行为管理设备在对带宽资源进行优化和全面管控用户的网络行为的同时，还能够详细记录用户的网络行为，如访问的网址、发布的帖子、收发的 Email、QQ 等的聊天内容等，并存储日志和图形化日志查询，满足《互联网安全保护技术措施规定》（公安部令第 82 号）要求，归档的日志可通过各种组合条件进行在线查询，也可以远程备份到异地进行离线查看。

（2）部署架构

网络行为管理可采用旁路式部署，将设备作为单臂部署模式，旁挂至核心交换机下即可，该部署模式的特点：

①对网络应用流量的流向、趋势，及用户上网行为进行分析。

②使用流量镜像，而不需要改动网络拓扑，对网络影响最小，不会增加新的故障点。

5. SSL VPN

SSL VPN 是解决互联网用户访问内部敏感数据问题的安全、便捷的技术。与复杂的 IPSec VPN 相比，SSL VPN 通过简单、易用的方法实现信息远程连通。任何安装浏览器的机器都可以使用 SSL VPN，它不需要像传统 IPSec VPN 一样必须为每一台客户机安装客户端软件。在核心交换设备上以单臂方式部署 SSL VPN 设备，保障数据中心应用系统的安全发布。

(1)应用平台移动办公

采用 SSL VPN 对应用系统进行安全发布，避免需要将服务器直接挂在网上造成的风险。用户在外需要访问应用系统时，可直接通过浏览器打开网页完成 SSL VPN 登录及安全隧道的建立，如同登录网银、邮箱一般符合日常的网络使用习惯，容易上手。而 SSL 协议是目前公认安全等级较高的网络安全协议之一，现今网上银行基本都采用 SSL 协议进行数据传输保护，对传输数据采用标准的 AES、RSA、RC4 等加密算法进行加密，安全性有保障。

(2)应用系统安全加固

在系统安全加固方面，采用登录 SSL VPN 身份验证、权限划分、登录应用身份验证的主线进行保障。SSL VPN 接入认证方式可采用用户名密码、USB KEY、短信认证、动态令牌、CA 认证、LDAP 认证、RADIUS 认证等两种或多种认证的组合，多重组合可确保接入身份的确定性。在用户接入 SSL VPN 后进行应用访问权限的划分，对享有访问权限的应用系统采用主从账号绑定 SSL VPN 登录账号和应用系统账号。用户只可采用指定的账号访问应用系统。由于登录 SSL VPN 的身份已通过多重认证的确认，而后又进行指定应用账号访问，即可保障登录应用系统的人员的身份。

(3)隧道逻辑隔离，构建统一应用平台

根据不同部门、不同应用进行对应权限的开放/关闭，但分支用户登录 SSL VPN 之后，在其资源列表界面将会显示该用户权限下可访问的应用系统，用户可直接点击其上的链接进行快速访问。同时，可针对这些应用系统进行单点登录设置，点击链接即可自动通过应用身的认证，可直接进行操作。由于所有访问总部数据中心的数据都将经由 SSL VPN 进行转发，对于用户权限外的应用，SSL VPN 将自动阻断其连接，防止恶意盗连。

(4)服务器区隔离保护

将 SSL VPN 设备以单臂方式部署，通过配置使数据流经由 SSL VPN 后走向数据中心，对办公网与数据中心这两个不同安全级别的区域进行隔离。由于 SSL VPN 设备对外只开放 443 端口，从而可屏蔽其他端口的攻击。SSL VPN 的数据流处理方式可隐藏数据中心结构，并对服务器访问的 IP、域名进行伪装。SSL VPN 在进行用户对数据中心发起的访问时，采用 SSL VPN 登录认证、细粒度应用访问授权、传输数据加密，从数据安全的角度提供隔离保护。

6. IPS 入侵防御

面对复杂多变的网络环境，政府不仅需要有针对重点区域的防护，还需要有针对内部整个网络的全面防护。此时就需要在网络的边界和重点服务器处部署入侵防御系统，可以更好地保护政府的重要信息资产、提高政务网络整体的安全水平。

（1）网络防护

网络防护具有实时的、主动的网络防护功能，内置基于状态检测的防火墙，保护网络边界和内部网络，同时为网络设备的漏洞提供防护，具有流量管理功能；对于可能出现的异常流量，提供抗拒绝服务攻击功能。

（2）应用防护

应用防护可提供对应用层的防护功能，针对操作系统、应用软件及数据库，提供深度的内容检测技术，过滤报文里的恶意流量和攻击行为，保护存在的漏洞，防止操作系统和应用程序损坏或宕机。

（3）内容管理

对内部网络资源提供内容管理，可以有效检测并阻断间谍软件，包括木马后门、恶意程序和广告软件等，并可以对即时通信、P2P 下载、网络游戏、在线视频、网络流媒体等内容进行监控并阻断。

在数据中心边界处使用透明模式部署网络入侵防御系统，负责监听、保护外部数据中心、外网用户出入的流量数据，达到主动切断非法用户攻击的目的。对内部网络资源提供内容管理，可以有效检测并阻断间谍软件，包括木马后门、恶意程序等。

7. WEB 防护

WEB 防护网关可以防止政府网站被恶意篡改，从而有效地保护政府的形象；维护重大新闻、方针政策等信息发布渠道的畅通；同时可以阻止一些别有用心的人通过篡改网页的方式在互联网上大肆散播各种政治歪理，造成极坏的政治影响。此外，WEB 防护网关能保证财政、金融、税务等领域网站的安全运行，防止犯罪分子利用一些安全漏洞，使用黑客病毒技术、木马间谍程序等新技术进行网络盗窃、网络诈骗等违法犯罪活动，避免给国家和公民个人造成严重经济损失。

在外部数据中心边界出口部署一台 WEB 防护网关，无须修改网络及服务器配置，采用透明放置在防火墙和外部数据中心之间，对外部数据中心的出入流量进行有效监控，从而确保 WEB 应用的安全。

8. 抗 DDOS

DOS(denial of service 拒绝服务)攻击和 DDOS(distributed denial of service 分布式拒绝服务)攻击是目前互联网上最常见的攻击方式。黑客通过操控多台傀儡主机向目标主机或服务器发送大量看似合法的网络包，从而造成网络阻塞或服务器资源耗尽而导致拒绝服务。DDOS 攻击目标并不局限于 Web 服务器，实际上互联网上任何可用的服务都可能成为这种攻击的目标。通过功能滥用的攻击，高层协议可用来更有效地提高负载，比如针对电子公告栏运行能耗尽资源的查询或者在受害网站上运行递归 HTTP 洪水攻击。递归 HTTP 洪水指的是僵尸工具从一个给定的 HTTP 链接开始，以递归的方式顺着指定网站上所有的链接访问，也叫蜘蛛爬行。

要想防范 DDOS 攻击，最好使用专业的抗 DDOS 攻击设备。DDOS 攻击的形式多种多样，可能是海量数据包的攻击，也可能是少量数据包针对特定应用的攻击，所以要求抗 DDOS 攻击设备必须能够防范各种 DDOS 攻击类型，从性能上能够保证设备在海量数据的攻击下仍“屹立不倒”，而且能够正常处理攻击；从功能上能够自动区分正常应用和攻击流量；从结果上能够实时对 DDOS 攻击流量进行阻断和过滤。为了防御来自互联网的 DDOS 攻击，在外部数据中心边界出口部署抗 DDOS 攻击设备，实现异常流量的自动分析、发现和清洗，从而充分保障了外部数据中心各种业务的安全访问。

9. 系统安全

通过扫描等手段对指定的远程或者本地计算机系统的安全脆弱性进行检

测。漏洞扫描是指基于漏洞数据库，发现可利用的漏洞的一种安全检测(渗透攻击)行为。它和防火墙、入侵检测系统互相配合，能够有效提高网络的安全性。通过对网络的扫描，网络管理员能了解网络的安全设置和运行的应用服务，及时发现安全漏洞，客观评估网络风险等级。网络管理员能根据扫描的结果更正网络安全漏洞和系统中的错误设置，在黑客攻击前进行防范。如果说防火墙和网络监视系统是被动的防御手段，那么安全扫描就是一种主动的防范措施，能有效避免黑客攻击行为，做到防患于未然。为了长期维持系统安全，需要注意以下操作要点。

(1)定期的网络安全自我检测、评估

配备漏洞扫描系统，网络管理人员可以定期进行网络安全监测服务，安全检测可帮助客户最大可能地消除安全隐患，尽可能早地发现安全漏洞并进行修补，有效地利用已有系统，优化资源，提高网络的运行效率。

(2)安装新软件、启动新服务后的检查

由于漏洞和安全隐患的形式多种多样，安装新软件和启动新服务都有可能使原来隐藏的漏洞暴露出来，因此进行这些操作之后应该重新扫描系统，才能使安全得到保障。

(3)网络建设和网络改造前后的安全规划评估和成效检验

网络建设者必须建立整体安全规划，以统领全局，高屋建瓴。在可以容忍的风险级别和可以接受的成本之间，取得恰当的平衡，在多种多样的安全产品和技术之间做出取舍。配备网络漏洞扫描/网络评估系统可以让您很方便地进行安全规划评估和成效检验。

(4)网络承担重要任务前的安全性测试

网络承担重要任务前应该多采取主动防止出现事故的安全措施，从技术上和管理上加强对网络安全和信息安全的重视，形成立体防护，由被动修补变成主动防范，最终把出现事故的概率降到最低。配备网络漏洞扫描/网络评估系统可以让您很方便地进行安全性测试。

10. 数据安全

(1)数据库的双机部署

目前常见的数据库双机部署模式有 Oracle RAC 和 SQL SERVER 双机热备。

①Oracle RAC 模式。

Oracle RAC 主要支持 Oracle9i、10g、11g 版，可以支持 24×7 有效的数据库应用系统，在低成服务器上构建高可用性数据库系统，并且自由部署应用，无须修改代码。在 Oracle RAC 环境下，Oracle 集成提供了集群软件和存储管理软件，为用户降低了应用成本。当应用规模需要扩充时，用户可以按需扩展系统，以保证系统的性能。

Oracle RAC 具有以下特点：多节点负载均衡；提供高可用，故障容错和无缝切换功能，将硬件和软件错误造成的影响最小化；通过并行执行技术提高事务响应时间——通常用于数据分析系统；通过横向扩展提高每秒交易数和连接数——通常用于联机事务系统；节约硬件成本，可以用多个廉价 x86 架构服务器代替昂贵的小型机或大型机，同时节约相应维护成本；可扩展性好，方便添加、删除节点，扩展硬件资源。

②SQL SERVER 双机热备。

SQL SERVEER 双机热备特指基于高可用系统中的两台服务器的热备（或高可用），通常实现方式有 Windows server 企业版自带的集群功能和第三方的双机软件。双机高可用按工作中的切换方式分为主-备方式（active-standby 方式）和双主机方式（active-active 方式）。主-备方式即一台服务器处于某种业务的激活状态（即 active 状态），另一台服务器处于该业务的备用状态（即 standby 状态）。而双主机方式即指两种不同业务分别在两台服务器上互为主备状态（即 active-standby 和 standby-active 状态）。

当双机系统中发生单台应用程序、操作系统或者硬件故障，通过双机的仲裁机制可智能检测到故障机的主从状态，如 active 机器发生上述故障，则发生系统迁移，将 standby 机器激活，接管应用系统，为业务系统高速稳定运行提供保障。

（2）内控管理与审计

①政务外网内控管理与审计。

电子政务外网由于系统多、数据分散、运维人员众多，特别是很多系统的维护还需要借助厂家工程师、系统建设集成商等多种角色的技术人员参与系统管理与支持，因此加强云计算中心数据安全，监管运维人员操作行为势在必行。内控管理与审计应实现对网络交换设备、安全设备、服务器等核心系统的运维监管，对访问账号进行统一管理，实现系统对操作者身份的合法性检查。对不同系统资源的访问控制，并且制定安全访问策略，限制其访问的方式、时间、手段等。收集、记录用户对系统资源的使用情况，便于统计用户对网络资源的访问情况，并且在出现安全事故时，可以追踪原因，追究相关人员的责任，达到所有运维人员操作核心系统时能够被有效管理、深入监测、合理控制、及时预警的内控管理与审计要求，重点满足对各系统运维人员管理行为进行有效监管与控制、对数据库系统的所有访问进行监管的要求。

审计引擎以旁路的方式部署在网络中，以 WEB 方式对业务用户提供集中登录和运维功能，审计引擎自身支持多种协议的代理转发和访问控制功能，需要与维护终端以及被管理的设备、主机 IP 可达，完成对访问的管理与审计。

运维审计引擎逻辑上位于各设备与主机的前面，所有维护人员要访问分散部署的设备与主机，通过网络限制(防火墙策略或交换机访问控制列表)必须先登录运维审计引擎，由运维审计引擎根据用户的访问权限，提供设备列表，再由用户选择要操作的设备；运维审计引擎根据用户在该设备上的权限，替用户填写设备账号和密码，完成后续的登录过程；用户可直接使用该网元设备，像往常一样进行操作与维护，这样的机制也减轻了维护人员记录大量系统账号与密码的工作量，单点登录，全网通行。

②内网日志审计系统。

内网承载核心业务数据，需建立内网日志审计系统，通过集中采集信息系统中的系统安全事件、用户访问记录、系统运行日志、系统运行状态等各类信息，经过规范化、过滤、归并和告警分析等处理后，以统一格式的日志形式进行集中存储和管理，结合丰富的日志统计汇总及关联分析功能，实现对信息系统日志的全面审计。

通过日志审计系统，企业管理员可随时了解整个 IT 系统的运行情况，及时发现系统异常事件；另一方面，通过事后分析和丰富的报表系统，管理员可以方便高效地对信息系统进行有针对性的安全审计。遇到特殊安全事件和系统故障时，日志审计系统可以帮助管理员进行故障快速定位，并提供客观依据进行追查和恢复。

第 20 章

密码应用建设

第 1 节　安全风险分析

结合《信息安全技术　信息系统密码应用基本要求》(GB/T 39786—2021)第二和第三级别要求与《信息安全技术　网络安全等级保护基本要求》(GB/T 22239—2019)，系统可能面临以下四大类主要安全威胁。

1. 物理和环境风险

系统部署在“政务云”上，面临机房被非法入侵、门禁系统人员进出记录被非法篡改的风险。机房的监控视频数据若遭受破坏或恶意篡改，也会对整个机房的环境安全造成很大的风险。

2. 网络和通信风险

网络通信过程中遇到的风险包括：通信双方的身份信息被截获、假冒和重用，或网络边界和系统资源访问控制信息被窃取，导致系统被非法访问；通信传输过程中被监听，导致通信数据发生泄露；通信传输过程中数据被篡改，导致通信数据失实等。

3. 设备和计算风险

设备和计算操作过程中遇到的风险包括：运维“账号+口令”遭到恶意破解，给设备和计算资源的管理带来风险；设备访问控制信息被篡改，可能导致服务器被入侵；通道、服务器遭到入侵后，修改、删除操作系统日志；日志信息被篡改，影响责任认定的准确性等。

4. 应用和数据风险

数据传输安全风险：通信数据在传输过程中遭到窃取，将造成业务信息被篡改、泄露的风险。

访问控制信息被篡改风险：登录用户访问控制信息被篡改，将造成非法用户登录并操作系统的风险。

数据被篡改风险：数据存储系统数据库中，数据需要做完整性保护，若数据被恶意篡改，将造成信息不准确。

重要数据被泄露风险：系统中重要的业务数据、用户数据在存储过程中遭到窃取，将造成重要信息泄露的风险。

第 2 节　安全需求分析

为了更好地保护信息安全，突破安全传输、安全存储、数据防篡改和接口防护等障碍和瓶颈，需要采用更加安全可靠的信息安全保护手段。

根据《中华人民共和国密码法》等文件的相关要求，商用密码是当前各类不涉及国家秘密信息资源进行安全保护的主要手段，其通过采用安全认证的密码技术或密码产品对信息进行加密保护，能够在保证信息的完整性和正确性的同时，防止信息被篡改、伪造和泄露。为此，系统计划采用国产密码技术对当前系统进行安全技术改造。依据国家密码管理相关法律法规，结合系统的网络现状、系统现状、数据现状和业务现状，系统的业务需求和密码需求分析如下。

1. 密码应用等级需求分析

根据国家相关要求，需要加强重要领域密码应用，信息系统的密码应用应依据《信息安全技术　信息系统密码应用基本要求》（GB/T 39786—2021）第三级别要求，采取相应保护措施，提升系统的安全防护水平。对于新建网络和信息系统，应当采取符合国家密码管理政策和标准规范的密码进行保护，做到同步规划、同步建设、同步运行、定期评估。对于已建的系统需要进行密码改造。

因此，系统需依据《信息安全技术　信息系统密码应用基本要求》（GB/T 39786—2021）第三级别要求，实现与商用密码的对接。

2. 合规性需求分析

密码产品中应配置使用SM系列商用密码算法，如SM2、SM3、SM4等。实现密码保护所使用的密码算法应为商用密码算法。

信息系统中应采用国家密码主管部门核准的密码产品，达到《信息安全技术　密码模块安全要求》（GB/T 37092—2018）二级及以上安全要求。

系统中所使用的密码服务，如数字证书应当使用商密数字证书。数字证书的颁发机构应具有国家密码管理局颁发的《电子认证服务使用密码许可证》，在国家密码管理局“电子政务电子认证服务机构目录”中，各个层面涉及新增设备，如服务器密码机，可评估业务系统数据量，根据实际情况对设备进行复用，避免重复配置造成资源浪费。

3. 密码应用需求

（1）总体密码应用要求

①机密性。

使用密码加密功能实现机密性，信息系统中保护的对象为：存储的重要数据和敏感信息（系统中存储的重要业务数据）、传输的重要数据、敏感信息或整个报文。

②完整性。

使用密码技术的HMAC、数字签名功能实现完整性，信息系统中保护的对象为：存储的重要数据和敏感信息、业务系统访问控制信息（系统中存储的重要业务数据、传输的重要数据和敏感数据、日志记录完整性保护)。

③真实性。

使用对称加密、动态口令、数字签名等实现真实性，信息系统中应用场景为：要对登录系统的用户进行身份鉴别和在网络通信前进行身份鉴别。

④不可否认性。

使用数字签名等技术实现不可否认性，信息系统中保护的对象为：系统中使用电子签名的文件要采用密码技术保证其不可否认性。

(2)密码技术应用需求分析

根据《中华人民共和国密码法》《中共中央办公厅 国务院办公厅关于印发〈金融和重要领域密码应用与创新发展工作规划(2018—2022 年)〉的通知》(厅字〔2018〕36 号)、《政务信息系统密码应用与安全性评估工作指南(2020 版)》、《国务院办公厅关于印发国家政务信息化项目建设管理办法的通知》(国办发〔2019〕57 号)，需要加强重要领域密码应用，要将密码应用纳入信息化建设整体规划，要建立健全基于密码的身份认证、访问控制、数据保护、安全审计等安全防护措施。

从系统安全风险分析来看，按照信息系统等级三级密码应用保护要求，从物理和环境安全、网络和通信安全、设备和计算安全、应用和数据安全、密钥管理、安全管理等几个层面，对安全性威胁采取有效的技术措施，确保系统安全。

①物理和环境安全需求分析。

根据《信息安全技术　信息系统密码应用基本要求》(GB/T 39786—2021)第二和第三级别要求，对系统进行分析，物理和环境安全需求如下：宜采用密码技术进行物理访问身份鉴别，保证机房进入人员身份的真实性；宜采用密码技术保证电子门禁系统进出记录数据的存储完整性；宜针对机房视频记录做完整性保护，防止视频等设备数据被篡改。

②网络和通信安全需求分析。

网络通信过程中遇到的风险包括：通信双方的身份信息被截获、假冒和重用，或网络边界和系统资源访问控制信息被窃取，导致系统被非法访问；通信传输过程中被监听，导致通信数据发生泄露；通信传输过程中数据被篡改，导致通信数据失实等。

③设备和计算安全需求分析。

根据《信息安全技术 信息系统密码应用基本要求》(GB/T 39786—2021)第二和第三级别要求，对系统进行分析，设备和计算安全需求如下：应使用密码技术对登录服务器的运维人员进行身份标识和鉴别，要求身份标识具有唯一性，身份鉴别信息具有一定的复杂度且定期更换；运维人员远程管理设备时，应采用密码技术建立安全的信息传输通道；宜采用密码技术保证系统资源访问控制信息的完整性；宜采用密码技术保证设备中的重要信息资源安全标记的完整性；宜采用密码技术保证日志记录的完整性；宜采用密码技术对重要可执行程序进行完整性保护，并对其来源进行真实性验证。

④应用和数据安全需求分析。

根据《信息安全技术 信息系统密码应用基本要求》(GB/T 39786—2021)第二和第三级别要求，对系统进行分析，应用和数据安全需求如下：应采用密码技术对登录用户进行身份鉴别，实现身份鉴别信息的防截获、防假冒和防重用，保证业务用户身份的真实性；应采用密码技术保证重要数据在浏览器端与服务端传输过程中的机密性；宜采用密码技术保证重要数据在浏览器端与服务端传输过程中的完整性；宜使用密码技术的完整性功能来保证访问控制敏感信息的完整性；应采用密码技术保证重要数据在存储过程中的机密性；宜采用密码技术保证关键数据在存储过程中的完整性；系统涉及法律责任认定或具有电子签名系统应用场景，使用密码技术实现抗抵赖的相关要求，采用电子签名系统，使用合规的密码服务，并采用服务器密码机类作为密码资源支撑。

(3)密码应用基本要求

根据被测信息系统密码应用安全要求等级，选择《信息安全技术 信息系统密码应用基本要求》(GB/T 39786—2021)中对应级别的安全要求作为次密码应用设计的基本指标，具体如下(详见表20-1)：

表 20-1 密码应用设计测评指标表

<table>
<tr><th colspan="3">测评单元</th><th>测评指标</th><th>应用要求</th></tr>
<tr><td rowspan="17">技术要求</td><td rowspan="3">物理和环境安全</td><td>身份鉴别</td><td>8.1 a)宜采用密码技术进行物理访问身份鉴别，保证重要区域进入人员身份的真实性</td><td>宜</td></tr>
<tr><td>电子门禁记录数据存储完整性</td><td>8.1 b)宜采用密码技术保证电子门禁系统进出记录数据的存储完整性</td><td>宜</td></tr>
<tr><td>视频监控记录数据存储完整性</td><td>8.1 c)宜采用密码技术保证视频监控音像记录数据的存储完整性。</td><td>宜</td></tr>
<tr><td rowspan="5">网络和通信安全</td><td>身份鉴别</td><td>8.2 a)应采用密码技术对通信实体进行身份鉴别，保证通信实体身份的真实性</td><td>应</td></tr>
<tr><td>通信数据完整性</td><td>8.2 b)宜采用密码技术保证通信过程中数据的完整性</td><td>宜</td></tr>
<tr><td>通信过程中重要数据的机密性</td><td>8.2 c)应采用密码技术保证通信过程中重要数据的机密性</td><td>应</td></tr>
<tr><td>网络边界访问控制信息的完整性</td><td>8.2 d)宜采用密码技术保证网络边界访问控制信息的完整性</td><td>宜</td></tr>
<tr><td>安全接入认证</td><td>8.2 e)可采用密码技术对从外部连接到内部网络的设备进行接入认证，确保接入的设备身份真实性。</td><td>可</td></tr>
<tr><td rowspan="6">设备和计算安全</td><td>身份鉴别</td><td>8.3 a)应采用密码技术对登录设备的用户进行身份鉴别，保证用户身份的真实性</td><td>应</td></tr>
<tr><td>远程管理通道安全</td><td>8.3 b)远程管理设备时，应采用密码技术建立安全的信息传输通道</td><td>应</td></tr>
<tr><td>系统资源访问控制信息完整性</td><td>8.3 c)宜采用密码技术保证系统资源访问控制信息的完整性</td><td>宜</td></tr>
<tr><td>重要信息资源安全标记完整性</td><td>8.3d)宜采用密码技术保证设备中的重要信息资源安全标记的完整性</td><td>宜</td></tr>
<tr><td>日志记录完整性</td><td>8.3e)宜采用密码技术保证日志记录的完整性</td><td>宜</td></tr>
<tr><td>重要可执行程序完整性、重要可执行程序来源真实性</td><td>8.3f)宜采用密码技术对重要可执行程序进行完整性保护，并对其来源进行真实性验证</td><td>宜</td></tr>
</table>

续表 20-1

测评单元			测评指标	应用要求
技术要求	应用和数据安全	身份鉴别	8.4 a)应采用密码技术对登录用户进行身份鉴别，保证应用系统用户身份的真实性	应
		访问控制信息完整性	8.4 b)宜采用密码技术保证信息系统应用的访问控制信息的完整性	宜
		重要信息资源安全标记完整性	8.4 c)宜采用密码技术保证信息系统应用的重要信息资源安全标记的完整性	宜
		重要数据传输机密性	8.4 d)应采用密码技术保证信息系统应用的重要数据在传输过程中的机密性	应
		重要数据存储机密性	8.4 e)应采用密码技术保证信息系统应用的重要数据在存储过程中的机密性	应
		重要数据传输完整性	8.4 f)宜采用密码技术保证信息系统应用的重要数据在传输过程中的完整性	宜
		重要数据存储完整性	8.4 g)宜采用密码技术保证信息系统应用的重要数据在存储过程中的完整性	宜
		不可否认性	8.4 h)在可能涉及法律责任认定的应用中，宜采用密码技术提供数据原发证据和数据接收证据，实现数据原发行为的不可否认性和数据接收行为的不可否认性	宜
管理要求	管理制度	具备密码应用安全管理制度	8.5 a)应具备密码应用安全管理制度，包括密码人员管理、密钥管理、建设运行、应急处置、密码软硬件及介质管理等制度	应
		密钥管理规则	8.5 b)应根据密码应用方案建立相应密钥管理规则	应
		建立操作规程	8.5 c)应对管理人员或操作人员执行的日常管理操作建立操作规程	应
		定期修订安全管理制度	8.5d)应定期对密码应用安全管理制度和操作规程的合理性和适用性进行论证和审定，对存在不足或需要改进之处进行修订	应
		明确管理制度发布流程	8.5e)应明确相关密码应用安全管理制度和操作规程的发布流程并进行控制	应
		制度执行过程记录留存	8.5f)应具有密码应用操作规程的相关执行记录并妥善保存	应

续表 20-1

<table>
<tr><th colspan="3">测评单元</th><th>测评指标</th><th>应用要求</th></tr>
<tr><td rowspan="10">管理要求</td><td rowspan="5">人员管理</td><td>了解并遵守密码相关法律法规和密码管理制度</td><td>8. 6 a) 相关人员应了解并遵守密码相关法律法规、密码应用安全管理制度</td><td>应</td></tr>
<tr><td>建立密码应用岗位责任制度</td><td>8. 6 b) 应建立密码应用岗位责任制度，明确各岗位在安全系统中的职责和权限：
1) 根据密码应用的实际情况，设置密钥管理员、密码安全审计员、密码操作员等关键安全岗位；
2) 对关键岗位建立多人共管机制；
3) 密钥管理、密码安全审计、密码操作人员职责互相制约互相监督，其中密钥管理员岗位不可与密码审计员、密码操作员等关键安全岗位兼任；
4) 相关设备与系统的管理和使用账号不得多人共用</td><td>应</td></tr>
<tr><td>建立上岗人员培训制度</td><td>8. 6 c) 应建立上岗人员培训制度，对于涉及密码的操作和管理的人员进行专门培训，确保其具备岗位所需专业技能</td><td>应</td></tr>
<tr><td>定期进行安全岗位人员考核</td><td>8. 6 d) 应定期对密码应用安全岗位人员进行考核</td><td>应</td></tr>
<tr><td>建立关键岗位人员保密制度和调离制度</td><td>8. 6 e) 应建立关键人员保密制度和调离制度，签订保密合同，承担保密义务</td><td>应</td></tr>
<tr><td rowspan="5">建设运行</td><td>制定密码应用方案</td><td>8. 7 a) 应依据密码相关标准和密码应用需求，制定密码应用方案</td><td>应</td></tr>
<tr><td>制定密钥安全管理策略</td><td>8. 7b) 应根据密码应用方案，确定系统涉及的密钥种类、体系及其生命周期环节，各环节安全管理要求参照《信息安全技术　信息系统密码应用基要求》附录 A</td><td>应</td></tr>
<tr><td>制定实施方案</td><td>8. 7c) 应按照应用方案实施建设</td><td>应</td></tr>
<tr><td>投入运行前进行密码应用安全性评估</td><td>8. 7d) 投入运行前应进行密码应用安全性评估，评估通过后系统方可正式运行</td><td>应</td></tr>
<tr><td>定期开展密码应用安全性评估及攻防对抗演习</td><td>8. 7e) 在运行过程中，应严格执行既定的密码应用安全管理制度，应定期开展密码应用安全性评估及攻防对抗演习，并根据评估结果进行整改</td><td>应</td></tr>
</table>

续表 20-1

<table>
<tr><th colspan="3">测评单元</th><th>测评指标</th><th>应用要求</th></tr>
<tr><td rowspan="3">管理要求</td><td rowspan="3">应急处置</td><td>应急策略</td><td>8.8 a)应制定密码应用应急策略，做好应急资源准备，当密码应用安全事件发生时，应立即启动应急处置措施，结合实际情况及时处置</td><td>应</td></tr>
<tr><td>事件处置</td><td>8.8 b)事件发生后，应及时向信息系统主管部门进行报告</td><td>应</td></tr>
<tr><td>向有关主管部门上报处置情况</td><td>8.8 c)事件处置完成后，应及时向信息系统主管部门及归属密码管理部门报告事件发生情况及处置情况</td><td>应</td></tr>
<tr><td colspan="2">测评指标合计</td><td colspan="3">41 项</td></tr>
</table>

第 3 节　密码技术方案设计

1. 设计目标

根据《信息安全技术　信息系统密码应用基本要求》(GB/T 39786—2021)第二和第三级别要求，改造应用系统，与商用密码系统的对接，完善系统密码应用保障体系，满足系统对数据的机密性、完整性、真实性、不可否认性的需求，进一步提升业务应用系统的安全性。

通过密码技术的应用，减少或消除应用系统中存在的安全风险。对于未采用密码技术保护的，采用密码应用技术进行保护。充分考虑国家法律法规、行业规范等政策需求，积极响应国家号召，采用密码技术有力支撑信息系统的运行，切实维护国家安全、促进经济社会发展、保护人民群众利益。

2. 设计原则

(1) 总体性原则

通过从整体层面，对系统的密码应用开展顶层设计，明确密码应用需求和预期目标，并与系统网络安全保护等级相结合，通过系统的设计形成涵盖技术管理、实施保障的整体方案，为在系统中落实密码应用相关要求奠定基础。

(2) 完备性原则

围绕系统实际业务应用与安全保护等级，站在整体角度，通过自上而下的体系化设计，综合考虑物理和环境安全、网络和通信安全、设备和计算安全、应用和数据安全等多个层面密码应用需求，设计系统密码应用方案。

(3) 经济性原则

结合系统规模，在合理、够用的前提下，确保系统密码应用改造投资合理、规模适中，避免资源浪费和过度保护。

3. 具体设计

(1) 物理和环境安全

机房物理环境安全由“政务云”统一负责保障，机房装有视频监控可实现实时监控，机房有专人管理，对进出机房的人员进行身份标识，建设健全的安全管理制度和人员管理制度。

(2) 网络和通信安全

系统网络边界使用 SSL VPN 安全网关建立安全链路，SSL VPN 安全网关配置为合规的算法。

SSL VPN 安全网关所使用密码产品符合产品检测标准，具有商用密码产品认证证书，保证控制完整性，采用这些设备自身的安全机制进行安全防护。

(3) 设备和计算安全

①运维人员身份鉴别。

运维人员登录云上运维管理系统时，远程运维时需使用 VPN 设备接入运维网络登录云上运维管理系统。可新增的密码设备，如服务器密码机、SSL VPN 安全网关等，云上运维管理系统的密码操作人员在对其进行运维时，使用智能密码钥匙搭配国密数字证书进行身份标识和鉴别，保证密码操作人员的真实性。

②远程管理通道。

运维人员远程管理运维时，先通过 VPN 客户端与 SSL VPN 安全网关建立一条安全信息传输通道，利用端到端数据加密完成对远程接入流量的保护。堡垒机使用 HTTPS 协议，使用合规的密码算法，实现运维人员远程管理通道安全。

③日志记录完整性。

系统设备日志记录数据通过调用服务器密码机 HMAC-SM3 的相关 API 接口，对明文日志数据进行 HMAC-SM3 计算后存储在日志服务器里面，详见图 20-1。

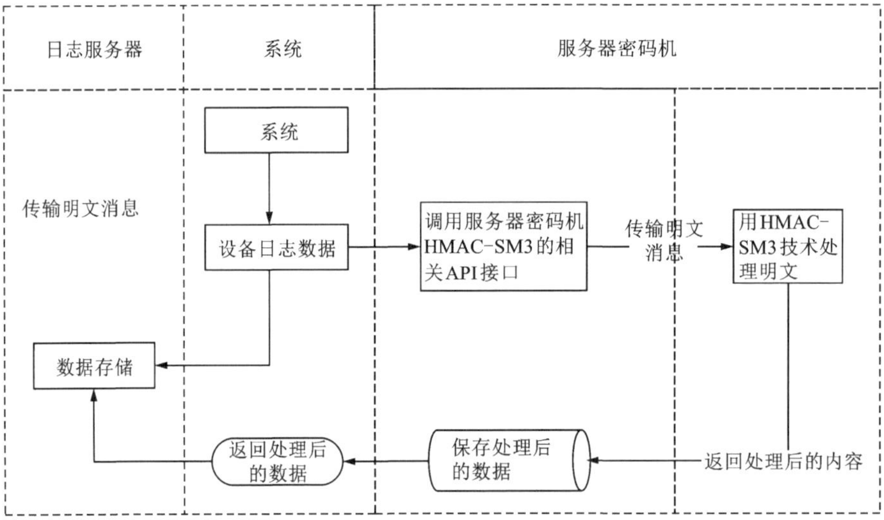

图 20-1　调研服务器密码机访问日志示意图

④其他安全防护设计。

对系统设备中重要信息资源进行安全标记；数据中心对管理人员、运维人员进行详细的权限管理，遵循权限分离原则，只分配给管理员完成操作所需的最小权限，通过严格的管理措施降低安全风险。

(4)应用和数据安全

①用户身份鉴别。

PC 端用户登录系统 VPN 客户端实现登录 VPN 安全网关用户身份鉴别，且 SSL VPN 安全通信链路安全。故应用层用户身份鉴别在此不进行相关设计。

智能密码钥匙、SSL VPN 安全网关所使用密码产品符合产品检测标准，具有商用密码产品认证证书。

②数据传输的机密性和完整性。

系统采用 B/S 架构，数据传输均采用 HTTP 协议明文传输，系统需在用户端配备商用密码浏览器，应用服务器配置使用 SSL VPN 安全网关配置商用密码数字证书做 SSL 卸载，与商用密码浏览器配合建立商密 SSL 通信链接，实现关键数据传输过程中的机密性和完整性保护，并配置使用商用密码算法，国密 HTTPS 建立示例，详见图 20-2。

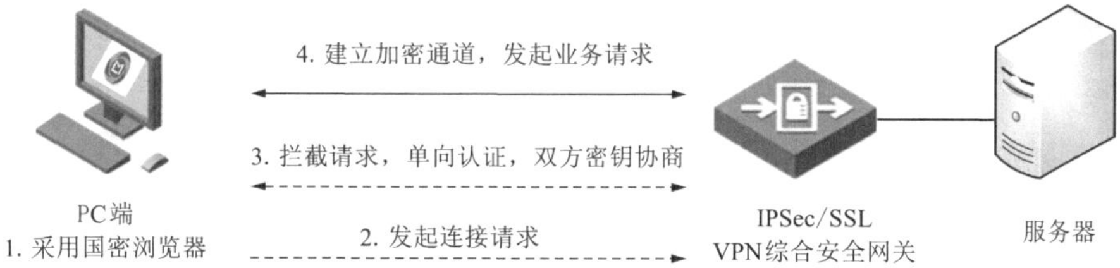

图 20-2　国密 HTTPS 建立示例图

PC 端工作流程：

a. 业务平台 PC 端用户，登录系统；

b. PC 端用户登录终端应用，或直接打开商密浏览器登录具体网址，向 SSL VPN 安全网关发起连接请求；

c. SSL VPN 安全网关拦截请求，客户端和 SSL VPN 安全网之间多次握手，客户端对服务端进行认证通过后，建立 SSL 安全通道。服务端利用 SSL VPN 安全网关的 SSL 服务进行数据加密、数字签名，实现保证服务端数据传输的机密性、完整性、真实性。

③关键数据存储的机密性和完整性。

为保证系统的存储安全，防止数据以明文形式暴露，系统中关键数据存储在数据库中，调用服务器密码机结合密码服务管理中对重要数据进行加密实现保护。

机密性保护的实现：调用服务器密码机对关键数据使用 SM4 密码算法进行加密保护；对关键信息的数据进行写入操作，在写入数据库前，调用 SM4 对称算法，对数据进行加密处理，再执行写入操作，以密文形式存储在数据库中；

对于关键信息的数据进行读取操作，在从数据库读取后，调用 SM4 对称算法，对数据进行解密处理，将明文数据返回给上层接口，详见图 20-3。

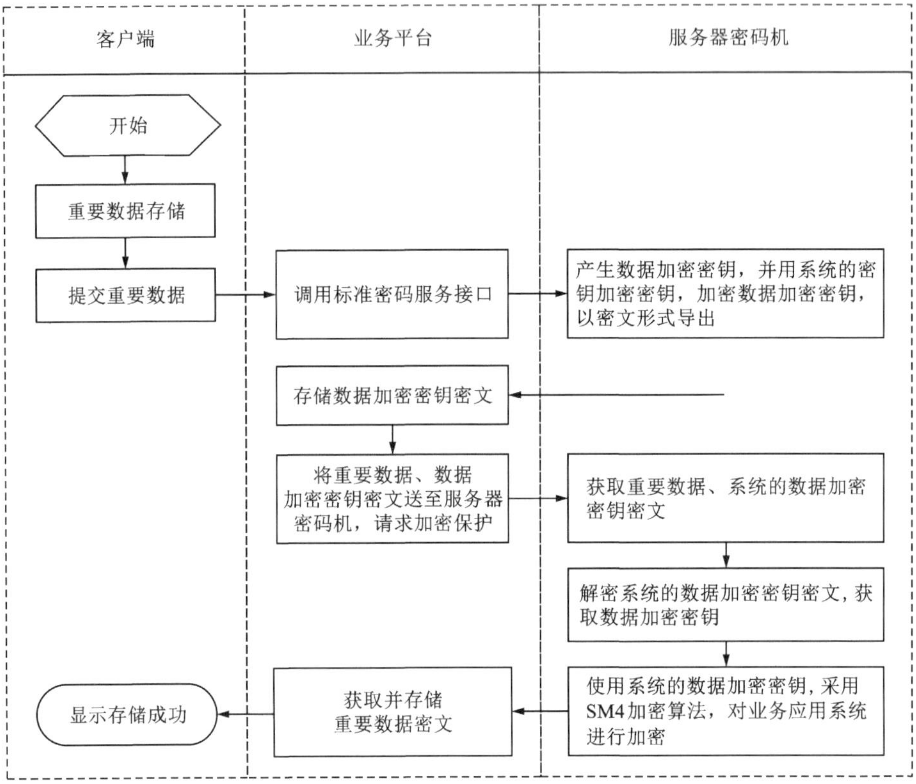

图 20-3　数据机密性保护流程 1

加密存储流程：业务系统重要数据存储；业务系统获取存储的重要数据，调用标准密码服务接口申请数据加密密钥；服务器密码机产生业务系统的数据加密密钥，并用业务系统的密钥加密密钥，加密数据加密密钥，以密文形式导出；业务系统存储数据加密密钥密文，将录入的重要数据、数据加密密钥密文送服务器密码机，请求加密保护；服务器密码机获取录入的重要数据、业务系统的数据加密密钥密文；解密业务系统的数据加密密钥密文，获取业务系统的数据加密密钥；服务器密码机使用业务系统的数据加密密钥，采用 SM4 加密算法，对录入的重要数据进行加密；业务系统获取并存储录入重要数据的密文；用户终端显示存储成功，详见图 20-4。

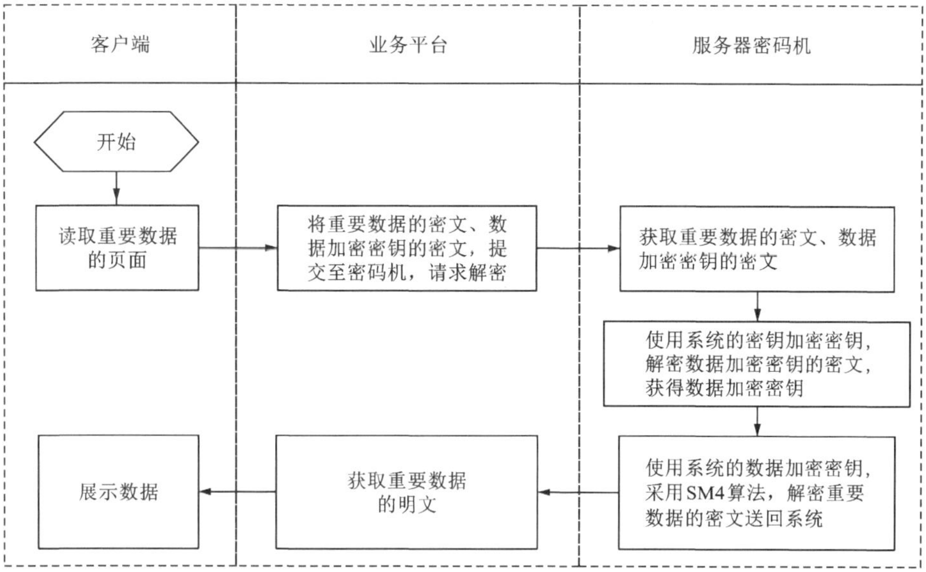

图 20-4　数据机密性保护流程 2

访问加密存储的重要数据的解密浏览工作流程如下：点击已加密存储的重要数据页面；业务系统将重要数据的密文、数据加密密钥的密文，提交至服务器密码机，请求解密；服务器密码机获取重要数据的密文、数据加密密钥的密文；服务器密码机使用业务系统的密钥加密密钥，解密数据加密密钥密文，获得数据加密密钥；服务器密码机调用业务系统的数据加密密钥，采用 SM4 加密算法，解密重要数据的密文，获得重要数据明文，送回业务系统；业务系统获得重要数据的明文，向终端展现数据。

④访问控制信息完整性。

针对系统访问控制信息进行完整性保护。系统访问控制信息的完整性包括两个部分：系统管理员每次授权完成后，要求对访问控制信息做数字签名；系统管理员每次登录时，要求验证访问控制信息的数字签名。

系统管理员每次授权完成后，系统服务器调用服务器密码机，使用 SM3 杂凑和 SM2 非对称密码算法，对系统访问控制信息进行签名，并将访问控制列表及数字签名值同时存储，保证其完整性。如系统管理员未对授权信息进行修改，系统不做完整性操作，详见图 20-5。

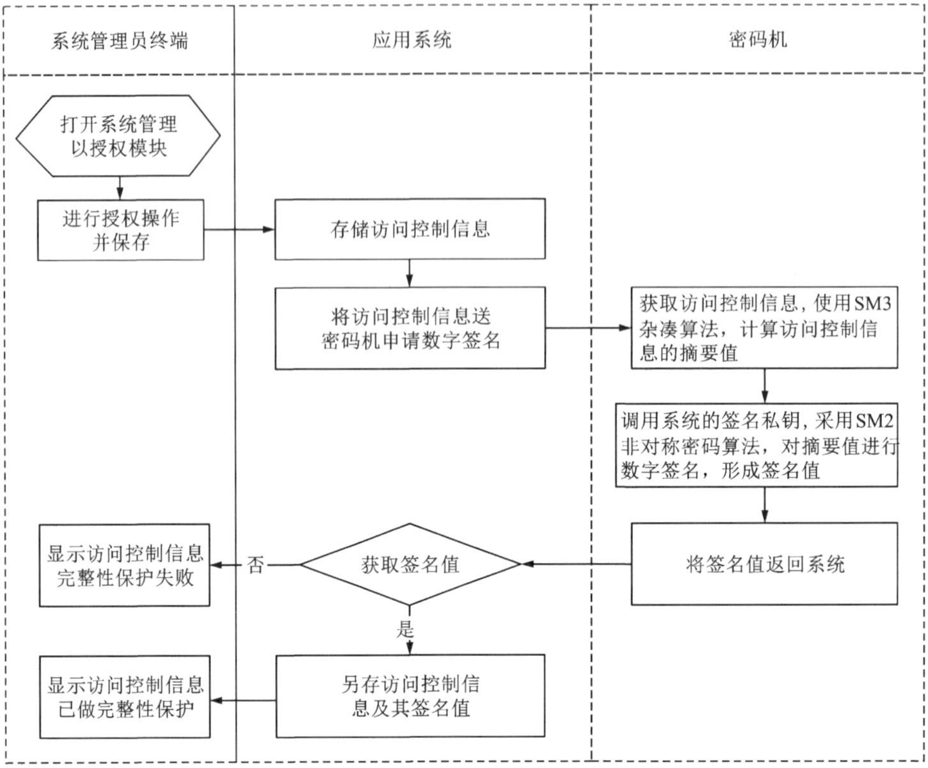

图 20-5　访问控制信息完整性流程 1

访问控制信息的完整性保护工作流程如下：系统管理员打开应用系统授权模块；系统管理员进行授权，并保存；应用系统存储访问控制信息；应用系统将访问控制信息提交服务器密码机，申请数字签名；服务器密码机使用 SM3 杂凑算法，计算访问控制信息的摘要值；服务器密码机调用应用系统的签名私钥，对摘要值做数字签名，形成签名值；服务器密码机将签名值返回应用系统；如果应用系统没有接收到签名值，在终端页面显示访问控制信息完整性保护失败；如果应用系统接收到签名值，存储访问控制信息及其签名值；在终端页面显示访问控制信息完整性保护成功。

验证访问控制信息的数字签名、管理员每次登录时，系统自动调用服务器密码机，使用 SM3 杂凑算法和 SM2 非对称密码算法，验证访问控制信息的数字签名，及时发现篡改行为，详见图 20-6。

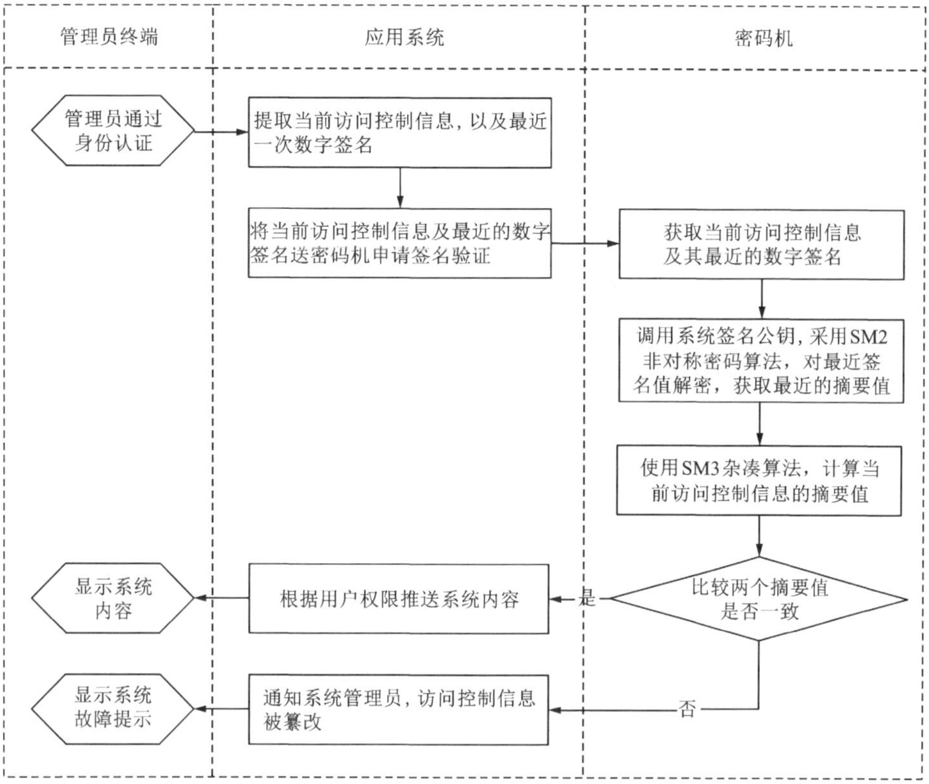

图 20-6　访问控制信息完整性流程 2

访问控制信息的完整性保护工作流程如下：系统管理人员通过身份认证；应用系统提取当前访问控制信息和最近的访问控制信息的数字签名，送服务器密码机，申请签名验证；服务器密码机获取当前访问控制信息和最近的访问控制信息的数字签名；服务器密码机调用应用系统的签名公钥，解密最近的访问控制信息的数字签名，获取最近访问控制信息的摘要值；服务器密码机使用SM3杂凑算法，计算当前访问控制信息的摘要值；服务器密码机比较当前访问控制信息的摘要值与最近访问控制信息的摘要值，是否一致，并向应用系统返回结果；如果两个摘要值一致，说明访问控制信息未被篡改，应用系统根据用户权限信息推送应用内容；如果两个摘要值不一致，说明访问控制信息已经被篡改，应用系统通知系统管理员处理，并在终端提示。

⑤不可否认性。

系统相关业务电子签名需求，需要调用电子签名系统，采用商用密码算法对办公文件进行电子签名，需要验证时由应用系统服务端调用电子签名系统对签名数据进行验签，实现关键操作的不可否认。

⑥其他安全防护设计。

应用系统中无重要信息资源安全标记，不存在信息重要信息资源安全标记的完整性保护需求，不对重要信息资源安全标记的完整性保护进行相关设计。

(5)密钥管理

根据系统业务特点及密码应用设计，系统密码产品选型均来源于最新商用密码产品名录，或已取得商用密码产品认证证书的密码产品，密码产品均已获得国家密码主管部门的许可，其自身可对密钥进行安全管理。应用和数据安全层面，采用具有国家密码管理局颁发的《电子认证服务使用密码许可证》的机构来签发数字证书(即采用合规的 CA 服务)。

由服务器密码机向用户提供统一的密钥管理界面，由系统使用方进行密钥管理。在 PC 端登录时，终端用户使用的数字证书由 CA 提供，相应的认证证书的公私钥对由认证服务器密码机产生，相应的加密密钥的公私钥对由 CA 密钥管理系统产生，存储于介质的密码模块中，详见表 20-1。

表 20-1 业务系统密钥管理设计一览表

序号	安全层面	指标要求	对应的密钥类型	密码算法	相关的主要密码产品	备注
1	物理和环境安全	身份鉴别	身份真实性鉴别密钥	—	—	不适用
2	网络和通信安全	身份鉴别	身份真实性鉴别密钥	SM2、SM3	SSL VPN 安全网关	
		通信数据完整性	数据传输密钥	SM3	SSL VPN 安全网关	
		通信数据机密性	数据传输密钥	SM4	SSL VPN 安全网关	

续表20-1

序号	安全层面	指标要求	对应的密钥类型	密码算法	相关的主要密码产品	备注
3	设备和计算安全	身份鉴别	身份真实性鉴别密钥	SM2	服务器密码机	
		远程管理通道安全	身份真实性密钥	SM2、SM4、SM3	SSL VPN 安全网关	
			数据传输密钥			
		日志完整性	日志完整性密钥	SM3	服务器密码机	
4	应用和数据安全 PC 端	身份鉴别	身份真实性鉴别密钥	SM2、SM3	数字证书	
		访问控制完整性密钥	访问控制完整性密钥	SM2、SM3	服务器密码机	
		数据传输安全	数据传输密钥	SM2、SM3、SM4	SSL VPN 安全网关	
		数据存储安全	数据存储密钥	SM3、SM4	服务器密码机	
			HMAC 随机数	—	用户保管	

①密钥生成与分类。

密钥生成使用设备具备国家密码局颁发的产品型号，其主要提供四层密钥：保护密钥（根密钥）、密钥加密密钥（用户密钥）、数据加密密钥（会话密钥）、应用签名密钥。

保护密钥（根密钥）：在服务器密码机初始化时生成并存储于服务器密码机中。

密钥加密密钥（用户密钥）：密钥管理员使用 USB Key 通过登录访问服务器密码机时产生对称密钥，用于保护会话密钥，存储于服务器密码机中，每个密钥均有密钥索引。

数据加密密钥（会话密钥）：指通过调用标准密码服务接口产生的实际用于加密应用数据的密钥，此密钥经相应索引的密钥加密密钥保护。此密钥应由用户方妥善进行管理。为保证服务器密码机的运算效率、减少服务器密码机与业务应用系统的耦合度，业务应用系统的加密密钥应在业务应用系统中加密存储。因此，需要密钥加密密钥，用于加密业务应用系统的加密密钥。

应用签名密钥：指服务器密码机为业务应用系统分配的非对称密钥，用于业务应用系统签名和验证，实现服务端关键信息、访问控制等重要数据的完整性保护；应用签名密钥在服务器密码机中存储。

②密钥管理员的角色规划。

按照密钥管理的相关要求，结合上述密钥分类，密钥管理员主要分为：系统管理员、安全保密员、审计管理员。这三种角色对密钥进行管理，各种角色管理员用户分别签发数字证书及生成相应非对称密钥，通过相应的服务器密码机管理员认证介质（智能密码钥匙）进行存储，开展身份认证及访问控制，实现密钥管理员登录的真实性保护。

系统管理员：主要负责服务器密码机系统层面的管理，拥有查看服务器密码机设备恢复、设备销毁、管理员管理、备机管理等权限。

安全保密员：负责服务器密码机密码层面的管理；拥有查看服务器密码机应用密钥管理、客户端管理、证书管理、证书请求管理、根证书链管理、密码服务管理和备机管理等权限。

审计管理员：负责服务器密码机管理员操作审计，拥有查看服务器密码机审计信息管理和备机管理等权限。

结合实际情况，初步规划管理员担任系统管理员（1人），其同科室的同事担任审计管理员（1人），其同科室同事担任安全保密员（1人）。除此以外，系统管理员、审计管理员、安全保密员还应分散保管根密钥备份，并由系统管理员妥善负责数据加密密钥的管理。

③密钥安全存储。

密钥包含：保护密钥（根密钥）、密钥加密密钥（用户密钥）、数据加密密钥（会话密钥）、应用签名密钥。密钥都存储于服务器密码机中，受服务器密码机安全机制保护。

④密钥的配用管理。

在应用系统的服务端，分别由服务器密码机向用户提供统一的密钥管理界面，由系统使用方进行密钥管理。虚拟服务器密码机管理密钥的生成、存储、分发、导入、导出、使用、备份与恢复、归档、销毁等。同时系统使用单位对服务器密码机的管理实行分人、分级管理，管理符合《信息安全技术　密码设备应用接口规范》中密钥管理的相关要求。

用户密钥管理：各应用系统的关键密钥由用户自行管理；支持密钥的备份和恢复功能，保证系统的安全性和可靠性。

密钥备份及恢复：支持密钥的备份和恢复功能，保证安全应用系统的安全性和可靠性。

方案在进行业务应用系统密码改造时，项目将在实施方案中与系统开发厂商详细分析业务应用系统的资源信息产生源和待保护信息规模，确定具体加密(或签名)密钥的配用数量及方式，并针对密钥配用特点，细化设计加密和签名后的数据结构，满足解密、验签等需求。

⑤密钥的归档。

在应用系统的服务端，由服务器密码机向用户提供统一的密钥管理界面，由系统使用方的密钥管理员进行密钥归档管理。密钥归档应注意以下方面：密钥管理员进行密钥归档时，采取有效的安全措施，保证归档密钥的安全性和正确性，并形成审计信息，包括归档的密钥、归档的时间等。密钥管理员对归档密钥进行数据备份，并采用有效的安全保护措施。归档密钥只能用于解密该密钥加密的历史信息。

⑥密钥的销毁。

密钥生成后或在系统更新、密钥组件存储方式改变、密钥遗失或失控情况下，不再使用的密钥组件(包括以 UKey 和 IC 卡方式存储的介质)或相关信息的资料应及时销毁。

作废或被损坏的密钥在双人控制下安全销毁，保证无法被恢复，销毁过程由专人监控和记录。

⑦密钥的更新。

密钥更新遵循一个原则，同一个密钥不能加密大量数据，否则容易被敌手攻破，因此，实际的系统中传输密钥必须定期更换，其周期和加密数据的量、频率有关，一般系统一年一次，重要的系统也有三个月一次的；存储加密密钥依据其加密的数据量进行密钥的轮换，即用新密钥加密新数据，旧密钥和数据保持不变就可以了，因此可视为定期产生新的密钥加密新数据，已有数据仍然使用旧有的密钥。

该项目中，数据存储密钥一年更新一次，产生新的密钥加密新数据，已有数据仍然使用旧有的密钥。数据传输密钥为一次一密，无须更新。

(6)密码应用部署

①部署拓扑。

方案部署和使用了服务器密码机、SSL VPN 接入网关等密码产品，相关密码机和接入网关等设备部署在外部数据中心，其他密码安全设备部署在内部数据中心，保障数据多级分区加密的安全可靠性。

②设备选型原则。

安全性：所选设备应安全可靠，密码产品通过国家密码管理局测试及审批，产品具有商用密码型号证书或商用密码产品认证证书，采用的密码产品，达到《信息安全技术　密码模块安全要求》（GB/T 37092—2018）二级及以上安全要求。

适用性：所选产品应符合系统功能、性能需求。

成熟性：所选产品应为市场成熟产品，有广泛的使用经验。

国产化：在功能和性能满足需求的情况下，有国内产品可适用时应采用国产产品。

第 21 章

备份系统设计

确定备份等级，提出数据备份、应用备份、网络备份、环境备份解决方案和主要软硬件设备选型。

第 1 节　灾备系统设计要求

按照国家《信息安全技术　网络安全等级保护基本要求》(GB/T 22239—2019)和《信息安全技术　网络安全等级保护安全设计技术要求》(GB/T 25070—2019)标准的第三级安全要求进行设计。根据《信息安全技术　信息系统灾难恢复规范》(GB/T 20988—2007)中对数据容灾安全等级的定义，容灾等级至少应达到 3 级，即数据安全除本地数据备份外，应该在异地建立备用数据中心，备份数据可以通过网络传输到异地数据中心，实现异地数据备份保护。

在进行业务灾备等级规划时，由于灾备资源、网络资源和运维资源限制，需要根据不同的业务系统的重要程度，分级进行保护。通用的灾备等级保护标准将遵循《信息安全技术　信息系统灾难恢复规范》(GB/T 20988—2007)，详见表 21-1。

表 21-1　灾备服务设计等级分析

容灾等级	容灾描述	恢复耗时	数据丢失程度
6	数据零丢失和远程集群支持：实时备份所有数据和业务，灾难发生时可立即切换接管	1 小时以内	接近 0 丢失
5	实时数据传输及完整设备支持：本地数据与异地中心相互映像，保持同步	2~4 小时	丢失 2 小时以内
4	电子传输及完整设备支持：将数据通过网络备份到异地	4~12 小时	丢失 4 小时以内
3	电子传输和部分设备支持：备份数据通过网络传输到异地数据中心	12~24 小时	丢失 1 天以内
2	备用场地支持：备份磁带通过车辆转移到异地，并在异地建立备用系统	24~72 小时	丢失 1 天以上
1	基支持：无异地备份，数据只在地存储	无法预计	可能全部丢失

注：1 级、2 级主要保证数据安全；3 级为定期的电子复制，在灾备中心配置部分的设备支持；4 级、5 级需要定时或实时的数据备份和完整的设备支持；6 级暂不具备实施的可行性。

灾备系统设计过程中，根据不同子系统的应用情况，选择不同的灾备等级，对应不同的技术环境、投资和数据丢失程度（RPO）与业务恢复时间（RTO）。根据数据和业务安全需求，对关键数据按照本地和异地备份的原则考虑备份建设。

第 2 节　地灾备与异地灾备

1. 备份管理平台

（1）智能运维监控

①运维管理工作流。

系统的性能数据包括 CPU 的利用率、内存的利用率、网络利用率以及设备的存储使用状态。通过定时采样，将采样数据存在数据库中备份查用。通过建立报表，将实时数据及时呈现在系统页面中。同时利用实时数据，为系统的使用提供报警功能。

②资源监控。

监控和统计备份系统中设备状态、容量、CPU 利用率、内存利用率等运行情况。管理员将一个或多个备份节点接入灾备平台，实现对系统中所有的备份节点进行统一监控管理；同时可总览整个灾备中心资源的监控运行情况(包括容量使用情况、任务运行情况、告警统计等)。全方面、多维度对接入的备份系统进行统一监管管理，对异常或故障提前预警，降低潜在的安全风险，保障系统的稳定运行。

③业务监控。

监控和统计备份系统上备份业务运行情况，包括任务数量、任务摘要、任务状态、任务执行情况等。监控连接成功的备份节点上当前所有任务的运行情况。用户可同时掌握多个设备上的业务运行情况，可根据监控视图中的实时数据，时刻掌握各类任务的分布情况及状态变化情况；方便管理员根据此类信息及时调整当前的任务执行规划。

(2)灾备日志分析

①报表分析统计。

通过直观、可读性强、种类丰富的图表加配置参数的组合形式，提供指导持续运营运维、系统性能瓶颈、趋势分析等相关灾备运维报告，同时用户根据需求可自定义生成想要关注的报告，实现在正确的时间将正确的信息以正确的格式提交给正确的人。

②指导持续运营运维报告。

快速分析平台中资源(磁盘、磁带等)用量情况、备份保护覆盖的范围、任务完成率等，帮助按需合理调整资源规划，分析投入与产出的实际效益之间的偏离值，指导持续运营。

③趋势分析报告。

根据用量增长率、任务增长量、备份任务原因分布、失败任务原因分布、告警原因分布、告警趋势等，审视资源利用率的大小，实现预见当前可用资源能否满足接下来几个月甚至更长时间内业务发展的需求。通过分析 TOP 任务失败原因，实现快速定位失败次数最多的任务失败原因。

④性能瓶颈分析和评估。

通过分析长时间系统运行以来的性能（CPU、内存、网络等）开销、备份性能（备份数据量、备份吞吐量等），全面评估当前系统存在的性能瓶颈的位置、计划安排是否合理，以及系统运行稳定性等。

2. 数据备份

（1）数据库备份

自治区林草生态感知信息化平台的应用系统中的数据可分为结构化数据和非结构化数据，其中在数据库方面主要是针对常见的数据库，根据其存放的数据重要性和承载的业务系统的重要程度，考虑创建合理、合适的备份策略。

通过备份系统，支持常见数据库的在线全自动备份，备份时无须停止数据库服务，不会中断业务系统。

对于国产主流数据库，建议采用如下备份保护策略：

根据数据量情况，建议可采用全备份+增量备份+差异备份的方式，每周五/周六（访问空闲时）晚上进行一次全备份，每天晚上进行一次增量备份，每4小时进行一次差异备份；

如果数据库变化频繁，在考虑网络压力、主机负载的情况下，可视实际情况对差异备份周期进行调整；

视数据重要程度配置数据保留周期，建议至少保留一个月。

（2）业务文件备份

备份系统需支持对各类非结构化数据（如 Office 文档、图片、音视频文件、各类附件、系统日志、应用程序日志、安全日志等）进行在线备份，并支持对打开的文件进行备份；可根据文件的变化情况和数据量大小，创建合适的备份策略。

倘若数据量不大，且变化频繁，建议每天晚上进行全备份；

倘若数据量较大，可采用全备份+增量备份的方式，每周五/周六晚上进行一次全备份，每天晚上进行一次增量备份；

如果数据变化很少，基本可以考虑每月全备份一次即可；

视数据重要程度配置数据保留周期，建议至少保留一个月。

（3）操作系统备份

备份系统支持麒麟等国产操作系统在线备份，可在操作系统运行时执行备份任务。备份时不影响系统的运行，无须中断业务系统。

对于操作系统来说，由于其变化较少，建议在业务系统配置、测试完毕并正式上线运行时进行一次全备份，然后创建备份计划，每月至少进行一次全备份；并且在操作系统发生变化时（如安装操作系统补丁、数据库补丁、应用程序补丁、安装新的应用程序等），于变化前手工发起一次全备份，以防止安装补丁等情况导致系统故障的现象；变化发生后若系统正常运行，再手工发起一次全备份，以创建最新的系统还原时间点。

（4）数据压缩

在进行备份时，对需要备份的数据进行压缩，从而减少需要传输的数据量。灾备容量测算方式如下：

①虚拟机/云主机备份。

虚拟机灾备策略：每周全备、每日增备、数据保留期限为一个月，至少提供可用的虚拟机恢复副不少于 4 份；

全量灾备容量测算：A×4×0.1×80%（4 为全备副数、0.1 为全备重删率、80%–实际需求占比）；

增备灾备容量测算：A×24×0.01×0.7×80%（24 为增备副数、0.01 为日均数据变化率、0.7 为增备重删率、80%为实际需求占比）；

实际需求占比：80%可按实际需求预估调整。

②应用文件 & 数据库备份。

PAAS 数据库灾备策略：每周至少全备份一次、每日至少增备份一次、每 2~4 小时事务日志备份一次、数据保留期限为两个月，至少提供可用的数据库恢复副不少于 8 份和事务日志级别的数据恢复能力；

全量灾备容量测算：A×8×0.3×100%（8 为全备副数、0.3 为全备重删率、100%为实际需求占比）；

增备灾备容量测算：A×48×0.03×0.7（48 为增备副数、0.03 为日均数据变化率、0.7 为增备重删率、100%为实际需求占比）；

实际需求占比：100%可按实际需求预估调整。

③灾备总量。

灾备总量 = 虚拟机/云主机备份+应用文件×数据库备份

（5）全局源端重复数据删除

首先通过住建局数据中心内部的灾备，对备份数据进行源端去重，从而减少需要传输的数据量；然后传输到备份介质中，同时通过政务外网将数据远程复制传输至长沙市“政务云”的异地灾备中心，确保在多地数据中心的重复数据只备份一次，最大程度上减少备份数据量，有效地节约自治区带宽，并提高数据复制效率。

(6)灾备数据有效性验证

备份的目的是恢复，因此，定期验证备份数据是否有效非常重要。灾备系统针对不同的数据类型，均需支持备份数据的有效性验证：

文件数据：可采用完整恢复或者部分恢复的方式，将数据恢复到某台服务器的指定位置，验证数据是否有效即可。

服务器整机：可准备一台服务器或者 PC 机，将备份的操作系统直接恢复到服务器或者 PC 机上，恢复完毕后验证即可。

数据库：可准备一台服务器或者 PC 机，将备份的操作系统直接恢复到服务器或者 PC 机上，恢复完成后再将备份的数据库恢复，完成后进行验证即可。

3. 异地备份

异地灾备可依托“政务云”实现异地灾备，通过现有政务外网与自治区政务云直连，通过千兆带宽实现灾备数据的传输，“政务云”现有灾备中心的架构与人员配备与“政务云”主数据中心生产机房类似，满足等保三级要求。

第 22 章

防灾减灾、安全卫士、节能措施建设

第 1 节　防灾减灾

项目从总体规划、设计、建设到运营，均严格执行国家有关消防法律、法规、规章和技术规范。

1. 消防设备

消防设备、器材的配备使用过程中，需要满足以下要求：

①型号和功率要满足消防需要，并随时进行检查和保养，使其始终处于良好的待命状态，并确保消防水源充足和供水系统工作正常。

②设置火灾自动报警系统、消防电话通信系统、建筑设备(通风、空调、给排水、供电)自动系统等，并自动连锁，构成一套完整的火灾报警及自动灭火体系。

③定期进行防火安全检查。

④大楼消防设施配置齐全，已配有水消防系统和自动报警装置。

⑤在计算机房内配置适量手提式二氧化碳气体灭火器。

2. 配套设施

机房及设备配套设施环境，需要满足以下要求：

①建筑物耐火等级应为一级。

②建筑物按防火规范的规定，设置防火门、疏散通道、安全疏导标志灯、消防电梯、安全出入口和防排烟设施等，建筑内部装修选用不燃性和难燃性材料。

③建筑物周围设置环形消防车道，室外布置有环状消防给水管网的室外消火栓。

④建筑物内的主要出入口设置出入口指示灯，室内人员疏散用的事故照明和应急报纸灯。

第 2 节　劳动安全与职业卫生

根据国家和有关部门的规范和标准，需要采取以下安全卫生措施：

①所有用电设备的金属外壳、金属底座、电缆金属铠装层、电缆保护管以及所有金属支架均与接地装置连接，设有安全接地，配电系统设有安全短路保护、过流保护装置，保证用电安全；

②为保证设备良好运行，并改善工作条件，所有工作间全部采取空调降温、冬季采暖的措施；

③选购计算机设备时，考虑防辐射问题，以利于操作人员的身体健康；

④选用低噪声设备，保证工作区域噪声小于 60 分贝；

⑤设有火灾自动报警系统和应急广播系统，以便在有紧急情况时能够及时通知全体人员。

第 3 节　节能措施

1. 设备节能措施

设备能耗指标应符合国家和行业节能标准；应选用采用新技术、新工艺的设备，应符合国家和工业和信息化部有关能耗技术指标要求。

2. 电源设备节能措施

应选择电源高效节能的变压器及 UPS，应选择自放电系数低的蓄电池；应选择容量负荷率为 50%~80%的供电设备；应选择低线路损耗的电源导线。

3. 机房节能措施

应合理规划机房的总制冷量，机柜排列应考虑机柜内部散热效率及机柜外部散热效率，以达到充分节能和散热的效果。实验表明，合理的机柜摆放布局能使设备工作温度降低 5℃，提高设备使用寿命和可靠性。

4. 其他节能措施

除了上述设备、电源设备、机房的节能措施，还可采用以下节能措施：

①机房专用空调夏季设置温度 22℃，冬季 20℃。

②合理设置，避免设备密度大、送风阻碍等造成局部过热，对设备装机容量不大、空调制冷量冗余充足的，可关闭部分空调，达到增效节能的目的。

③严格按维护作业计划要求，定期对空调设备进行维护保养，运行期间可加大维护频度；定期对室外机冷凝翅片、室内机过滤网进行清洗，提高换热效率；检查电机轴承等运动部位，出现异常时及时调整、注油，避免机械损耗；冷媒管破损修复、及时充填制冷剂、提高制冷效率等都能降低能耗。

④加强电源设备维护，定期检查、紧固线缆接头，避免热损，及时清洗电源模块过滤网，也可以降低损耗。

⑤加强机房的日常维护工作，对于封堵不严、出线孔有缝隙的及时封堵，保证机房良好的隔热性；机房进出做到人过门关，窗户没有做密封或隔热处理的，要及时处理，避免外界热量的传导增加空调负荷。

⑥机房照明完全采用节能灯。

⑦电缆选用环保的交联电缆。

第 23 章

组织管理队伍建设

第 1 节　建设管理

按照国家有关规定，严格执行项目法人制、招投标制、合同制、监理制、竣工验收制。加强整个项目的组织机构、计划管理、工程管理、资金管理和档案管理等。

1. 组织机构

(1)工作领导小组

工作领导小组由局长担任组长，领导小组全面负责林业和草原局信息系统建设领导、规划和组织工作，对重大的技术、管理、业务规范和部门关系协调等进行决策。其主要职责包括：确定建设目标，审查项目建设方案，按照批准的建设方案组织实施；审查和批准建设任务和年度计划；协调与各有关单位的关系；负责项目实施中的协调、监督和检查。

(2)信息化管理办公室

根据项目管理的程序要求，组建项目管理办公室，办公室下设项目总体组、平台建设实施组、应用系统建设实施组、项目培训管理组和推广实施组等，完成项目建设中平台建设，应用系统需求分析、系统分析、系统设计、系统开发、系统测试、系统实施和人员培训等阶段和环节的组织协调和实施工作。各组要在项目建设的各个阶段明确职责、分工合作。各组将严格遵循项目领导协调机构制定的规范，在项目计划的时间范围内高质量地完成项目任务。

2. 计划管理

建设单位按照“统一计划，分步实施，各负其责”指导原则，综合考虑各方面情况编制项目计划书，确定项目建设进度、资金使用、物资采购、工程质量监督和管理人员培训等内容，加强项目宏观调控，做好项目建设事先指导、中间检查、成果验收三环节管理。

3. 工程管理

工程管理需要满足以下要求：

①严格执行国家各项基本建设程序，推行全面质量管理，严把每道工序质量关，加强技术指导和检查验收工作。

②实行行政领导责任制和法人责任制，并建立项目监管责任人制度。项目法人要对设计文件申报、工程施工质量、资金管理及建成后的运行管理等全过程负责，对出现问题的环节要追究相关责任人的责任。

③实行工程建设招标和工程质量监理机制。施工单位应通过招投标择优选择，并实行技术经济承包责任制；引入工程监理机制，委托有资质的监理单位对工程建设全过程进行监理，及时发现问题，及时解决问题。

4. 资金管理

规范支出机制，加强资金管理。项目建设资金，由应急管理局财务股按健全的财务管理制度进行管理。独立设置项目资金专用账户，推行费用的报账制，确保基础项目建设资金管理规范化；加强项目资金使用情况的监督检查，项目建设领导小组应对区、县项目资金使用情况进行检查监督，防止和杜绝挤占、挪用项目资金，做到专款专用，不属于项目范围的费用，一律不得列支；设立台账，健全会计账目，定期如实提供项目资金使用财务报告及有关情况说明，同时要接受审计部门的审计检查。

5. 档案管理

档案管理需要满足以下要求：

①按照信息档案管理办法和信息收集技术规范，依据项目建设有关规定和

要求，做好信息和数据的收集、传递、加工、整理、检索和存储工作。

②建立项目建设信息管理档案，将收集到的各类信息及时分析、反馈，为项目建设管理者提供决策依据，为项目管理、项目进度监测提供翔实信息。

③指定专人负责档案、文件、资料的收集保管，逐步实现计算机管理。

第 2 节　运行管理

1. 运行管理模式

组建运行管理机构全面负责信息化系统的运行、维护、组织管理；协调与政府其他信息系统的联系；协调系统内部有关系统运行的工作；组织推广应用软件；组织应用软件的升级更新和后续开发工作。各下属机构负责当地节点的运行、维护和系统管理。

在信息系统安全方面，按照国家有关“谁主管谁负责，谁运行谁负责，谁使用谁负责”的属地化管理的安保原则，全面完善、努力加强对涉密信息、涉密场所和设备的管理；实行计算机配置管理和安全审计；规范电子文档的管理；加快信息安全防护设施建设；切实增强政府业务网络安全保障能力；严格信息技术产品的采购管理，确保信息系统安全可控。

2. 保障措施

项目组织管理工作是确保项目成功的基石，项目组织工作管理是面向目标和目的、面向规范工作过程之管理。因此，必须严格强调目标和目的的严肃性，工作过程的规范化应得到首要的尊重。项目组织管理工作将严格按照项目实施规范控制进行管理。

为了更好地完成建设，要组建项目实施机构，详见图 23-1。

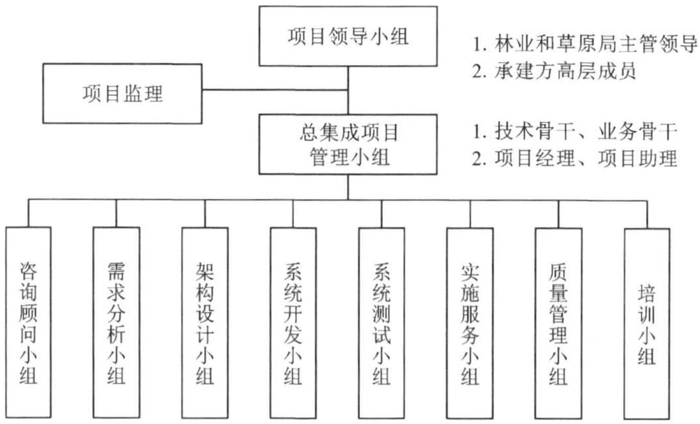

图 23-1　项目实施机构组织架构

(1)项目领导小组

项目领导小组由林业和草原局主管领导、承建方高层成员共同组成，负责项目重大事项的处理，如项目重大变更审批、项目重要资源的协调、项目重要里程碑控制。

(2)总集成项目管理小组

总集成项目管理小组由技术骨干、业务骨干、项目经理、项目助理组成，负责项目管理相关规范的制定和执行。

用户方相关负责人和承建方相关负责人，负责项目变更的评估和控制。负责方和用户方进行业务和系统需求方面的沟通，及时获取用户方的需求，并整理成初步文档；界定系统范围和边界；对开发组和测试组进行培训和指导，还负责项目日常管理工作、非常规或紧急工作，如项目整体计划制定、项目阶段迭代计划的控制，项目进度的跟踪，项目风险控制以及协调项目各方的资源等。

(3)项目监理

建议由林业和草原局指定项目监理商，负责项目建设的监理。

(4)咨询顾问小组

由外部咨询专家、承建方咨询师担任咨询顾问，负责业务梳理再造、业务整合方案的制订、与用户的业务交流；负责制定业务相关规范。

(5)需求分析小组

由自治区林业和草原局业务骨干、承建方熟悉林草业务的资深系统分析人员承担需求分析工作，负责与用户的业务交流，完成系统调研、需求分析。

(6)架构设计小组

由承建方技术骨干和架构设计师、熟悉系统建设的设计师承担架构设计工作，负责系统架构开发、基础组件(工作流组件、权限组件等)的开发。

(7)系统开发小组

系统开发小组在总集成商要求和指导下，负责各系统的业务建模、功能设计、编码和单元测试工作。

(8)系统测试小组

系统测试小组负责整个系统的单元测试、集成测试、系统整合联调测试等。

(9)实施服务小组

实施服务小组负责系统试点(系统运行环境准备；系统安装部署、实施；系统运行情况报告)、数据迁移、运行维护、用户培训、用户问题反馈等工作，并提供后继的运维保障。

(10)质量管理小组

质量管理小组负责项目的管理过程并按照项目规范进行，确保项目产出技术规范、设计、文档、代码和说明书等达到预先定义的要求。

(11)培训小组

培训小组负责项目的业务操作培训、管理人员培训、业务决策者培训。

参考文献

[1] 王晨光.新经济形势下林业经济管理信息化水平提升研究[J]. 林业科技, 2023, 48(3): 67-70. DOI: 10.19750/j.cnki.1001-9499.2023.03.017.

[2] 赵庆萍.贵州省林业信息化现状及数字化转型建议[J]. 中南林业调查规划, 2023, 42(2): 35-38. DOI: 10.16166/j.cnki.cn43-1095.2023.02.008.

[3] 胡艳萍.网络信息技术在森林防火管理中的应用[J]. 森林防火, 2023, 41(1): 20-23.

[4] 周晓丽.林业基层管理中应用智慧林业的探索与实践[J]. 智慧农业导刊, 2022, 2(22): 8-10. DOI: 10.20028/j.zhnydk.2022.22.003.

[5] 苗鸿利.大数据技术在林业生态资源保护中的运用[J]. 智慧农业导刊, 2022, 2(22): 20-22. DOI: 10.20028/j.zhnydk.2022.22.007.

[6] 曹林, 周凯, 申鑫, 等.智慧林业发展现状与展望[J]. 南京林业大学学报(自然科学版), 2022, 46(6): 83-95.

[7] 范明杰.物联网技术在林业信息化管理中的应用[J]. 热带农业工程, 2022, 46(5): 121-123.

[8] 王艺蓉.大数据技术在林业生态资源保护中的应用[J]. 智慧农业导刊, 2022, 2(20): 14-16. DOI: 10.20028/j.zhnydk.2022.20.005.

[9] 阮珍美, 汪斯杰.林业有害生物防治管理中存在的问题及措施[J]. 现代园艺, 2022, 45(20): 62-63. DOI: 10.14051/j.cnki.xdyy.2022.20.025.

[10] 吴佩儿.大数据时代林业档案编研与开发利用研究——以江门市狮山林场为例[J]. 办公室业务, 2022(20): 144-146.

[11] 冯杰.山西省林业草原信息化发展现状及对策[J]. 山西林业, 2022(5): 10-11.

[12] 吴妹杰, 李彬, 曾煜婷, 等.国内林业信息化研究文献计量分析[J]. 南方林业科学, 2022, 50(5): 56-60. DOI: 10.16259/j.cnki.36-1342/s.2022.05.014.

[13] 尹才能, 尹富亮.护林员信息化管理的探索与实践[J]. 安徽林业科技, 2022, 48(5):

57-64.

[14] 郭浚强. 林业智慧化建设探讨[J]. 智慧农业导刊, 2022, 2(18): 18-20. DOI: 10.20028/j. zhnydk. 2022. 18. 006.

[15] 杨会有, 葛剑锋. 林业调查信息化建设的实施对策[J]. 现代农业研究, 2022, 28(9): 94-96. DOI: 10. 19704/j. cnki. xdnyyj. 2022. 09. 011.

[16] 刘晓晴. 大数据在智慧林业建设中的应用研究[J]. 智慧农业导刊, 2022, 2(17): 19-21. DOI: 10. 20028/j. zhnydk. 2022. 17. 007.

[17] 李珺, 彭能舜, 李军. 长沙市林业综合监管平台的设计与实现[J]. 湖南林业科技, 2022, 49(4): 85-92.

[18] 张丽. 林业经济持续发展存在的问题及对策研究[J]. 中国市场, 2022(24): 93-95. DOI: 10. 13939/j. cnki. zgsc. 2022. 24. 093.

[19] 朱志正. 湖南省林业信息化建设"十四五"规划探讨[J]. 中南林业调查规划, 2022, 41(3): 12-16. DOI: 10. 16166/j. cnki. cn43-1095. 2022. 03. 003.

[20] 史瑞军. 林业调查规划设计中"3S"技术的实际应用[J]. 中国林副特产, 2022(4): 104-105+108. DOI: 10. 13268/j. cnki. fbsic. 2022. 04. 041.

[21] 张琦. 林业信息化对林业经济发展促进作用研究[C] //中国智慧工程研究会智能学习与创新研究工作委员会. 2022 工程建设与管理桂林论坛论文集. 2022 工程建设与管理桂林论坛论文集, 2022: 242-243. DOI: 10. 26914/c. cnkihy. 2022. 028119.

[22] 李晋, 魏娟, 孙振喜, 等. 云计算在林业信息化建设中的运用[J]. 电子元器件与信息技术, 2022, 6(7): 77-79+83. DOI: 10. 19772/j. cnki. 2096-4455. 2022. 7. 020.

[23] 魏秀英, 刘鲁滨, 李魏巍等. 一种跨策略域的林业资源访问控制模型设计[J]. 电子元器件与信息技术, 2022, 6(7): 200-204. DOI: 10. 19772/j. cnki. 2096-4455. 2022. 7. 051.

[24] 刘伟. 大数据背景下林业信息服务平台建设研究——评《面向林改的林业信息服务体系及平台构建》[J]. 林业经济, 2022, 44(6): 104. DOI: 10. 13843/j. cnki. lyjj. 2022. 06. 002.

[25] 陆乐峰. 智慧林业在基层林业管理中的应用分析[J]. 智慧农业导刊, 2022, 2(12): 4-6. DOI: 10. 20028/j. zhnydk. 2022. 12. 002.

[26] 于小平, 杨燕. 技术创新对林业发展的影响[J]. 河北农业, 2022(6): 56-57.

[27] 吴琳. "互联网+林业"的技术驱动效应与三维建设路径研究[D]. 南京: 南京林业大学, 2022. DOI: 10. 27242/d. cnki. gnjlu. 2022. 000004.

[28] 刘洪涛. "互联网+"在我国林业领域的应用研究[D]. 呼和浩特: 内蒙古农业大学, 2022. DOI: 10. 27229/d. cnki. gnmnu. 2022. 000525.

[29] 周尚虎. 林业调查规划设计在林业生产中的应用[J]. 新农业，2022(10)：45-46.

[30] 徐朝宇. 基于无人机及二维码技术的山杏种质资源信息管理研究[D]. 沈阳：沈阳农业大学，2022. DOI：10. 27327/d. cnki. gshnu. 2022. 000566.

[31] 李雪峰. 辽宁森林资源信息化建设成果及发展历程[J]. 辽宁林业科技，2022(3)：62-64+67.

[32] 吴月圆，王文强，孙晋，等. 基于 B/S 和 C/S 混合架构的森林资源信息平台建设方案研究[J]. 绿色科技，2022，24(9)：144-147+152. DOI：10. 16663/j. cnki. lskj. 2022. 09. 051.

[33] 郑理敏，王梦薇. 信息技术助推森林资源调查进入精准林业新时代[J]. 中国林业产业，2022(5)：86-87.

[34] 黄向东，颜学武，张敏，等. 我国林业有害生物信息化管理系统研究与应用——以湖南省为例[J]. 中国森林病虫，2022，41(6)：37-42. DOI：10. 19688/j. cnki. issn1671-0886. 20220034.

[35] 孙冰. 林区人力资源管理信息化应用研究[J]. 现代企业文化，2022(13)：139-141.

[36] 汪頔. 林业会计信息平台发展的困境及信息化策略分析[J]. 湖北林业科技，2022，51(2)：86-88+47.

[37] 张扬. 现代科学技术在林业生产中的应用探讨[J]. 安徽农学通报，2022，28(7)：80-82. DOI：10. 16377/j. cnki. issn1007-7731. 2022. 07. 037.

[38] 刘璐，张鹰，徐广明，等. 生态林业建设中林业信息化创新发展模式[J]. 林业科技通讯，2022(4)：36-40. DOI：10. 13456/j. cnki. lykt. 2021. 07. 30. 0001.

[39] 马利菠，黄群珍. 智慧林业服务平台在林业统计中的应用评价[J]. 智慧农业导刊，2022，2(7)：4-6. DOI：10. 20028/j. zhnydk. 2022. 07. 002.

[40] 王维青，吴顺福. 林业信息化建设与森林资源管理存在的问题及对策[J]. 乡村科技，2022，13(7)：101-104. DOI：10. 19345/j. cnki. 1674-7909. 2022. 07. 018.

[41] 杨雨渐，冷鸿天. 林业信息化对林业经济发展促进作用研究[J]. 农村经济与科技，2022，33(6)：24-26+98.

[42] 李世东. 新时期中国林业发展战略思考[J]. 林草政策研究，2022，2(1)：30-36.

[43] 范吉平. 智慧林业管理技术在西北地区林业资源管理中的科学应用[J]. 智慧农业导刊，2022，2(6)：10-12. DOI：10. 20028/j. zhnydk. 2022. 06. 004.

[44] 林聪聪，王柯，王豪翔，等. 基于数字汇流的森林资源管理“一张图”平台的信息化探索[J]. 林业勘察设计，2022(1)：20-24+28.

[45] 宁良智. 林业调查规划设计在林业生产中的应用[J]. 南方农业，2022，16(4)：96-98. DOI：10. 19415/j. cnki. 1673-890x. 2022. 04. 031.

[46] 吴采丽. 大数据为贵州生态林业插上“云翅膀”[N]. 贵州日报，2022-02-21(002). DOI：10.28255/n.cnki.ngerb.2022.001013.
[47] 冯建皓. 林业信息化建设与森林资源管理[J]. 林业科技情报，2022，54(1)：130-132.
[48] 闫瑞华. 林草信息化改革的现实经验、逻辑动因及发展路径[J]. 自然保护地，2022，2(1)：102-109.
[49] 刘继颖. 加强林业企业统计信息化建设研究[J]. 绿色财会，2022(2)：48-49. DOI：10.14153/j.cnki.lsck.2022.02.012.
[50] 刘颖. 林业信息化建设与森林资源管理的研究[J]. 河南农业，2022(2)：49-50. DOI：10.15904/j.cnki.hnny.2022.02.030.
[51] 李翠红. 山西省林业信息化现状调查与思考[J]. 山西林业，2021(6)：18-19.
[52] 梁辉. 云计算在林业信息化建设中的应用[J]. 现代园艺，2021，44(24)：112-114. DOI：10.14051/j.cnki.xdyy.2021.24.039.
[53] 吴明华，马明. 丁旭东. 自然空间的数据“拓荒者”[J]. 决策，2021(12)：58-61.
[54] 王奇. 森林资源调查监测信息化技术方法分析[J]. 乡村科技，2021，12(35)：72-74. DOI：10.19345/j.cnki.1674-7909.2021.35.026.
[55] 吴昊. 物联网技术在林业信息化管理中的应用[J]. 林业勘查设计，2021，50(6)：77-79.
[56] 李崇实，何强利. 太白山保护区信息化建设探索与思考[J]. 农业与技术，2021，41(23)：41-43. DOI：10.19754/j.nyyjs.20211215012.
[57] 叶孔发，戴永务. 信息化转型对林业上市公司绩效影响研究[J]. 林业经济，2021，43(10)：80-96.
[58] 何颖. 林业信息化建设的意义及发展路径探析[J]. 农村实用技术，2021(12)：111-112.
[59] 唐希远. 林业信息化建设与森林资源管理分析[J]. 农村实用技术，2021(12)：113-114.
[60] 卢启金，刘珊珊. 大数据时代林业企业 ERP 供应链的管理建设——评《林业企业管理》[J]. 林业经济，2021，43(11)：98. DOI：10.13843/j.cnki.lyjj.2021.11.006.
[61] 谭敏. 森林督查暨“一张图”信息化共享平台的构建与应用[J]. 中国林业产业，2021(11)：43-44.
[62] 陈小平. 以高质量的林业档案管理　助力生态文明事业发展[J]. 林业与生态，2021(11)：14-15+21. DOI：10.13552/j.cnki.lyyst.2021.11.018.
[63] 范琼，杜帅帅，刘德正. 林业信息化建设与森林资源管理探究[J]. 河北农机，2021(11)：111-112. DOI：10.15989/j.cnki.hbnjzzs.2021.11.057.

[64] 赵兴明，高翔. 森林防火现状及对策研究[J]. 河北农机，2021(11)：129-130. DOI：10.15989/j.cnki.hbnjzzs.2021.11.066.

[65] 何怡. 加强林业资源管理　促进生态林业健康发展[J]. 新农业，2021(20)：21.

[66] 杨吉江. 林草风采[J]. 林业勘查设计，2022，51(3)：60.

[67] 焉晓光. 中国林业信息化与林业经济发展的关系研究[J]. 中国农村科技，2021(10)：60-61.

[68] 安洁琼. 大数据技术在林业生态资源保护中的应用[J]. 特种经济动植物，2021，24(10)：118-119.

[69] 李世东. 智慧林业几个基本问题的探讨[J]. 林草政策研究，2021，1(3)：24-31.

[70] 朱蕾. 林业信息化建设与林业经济发展关系探讨——评《中国林业信息化发展战略》[J]. 林业经济，2021，43(9)：103. DOI：10.13843/j.cnki.lyjj.2021.09.008.

[71] 吴芹. 数字化转型背景下加强林业设计事业单位固定资产管理的思考[J]. 会计师，2021(17)：113-114.

[72] 王亭亭，黄伟. 基于地理信息系统的林业信息化设计与研究分析[J]. 林业科技情报，2021，53(3)：73-74+78.

[73] 刘阳. 互联网+背景下林业企业会计信息化策略探讨[J]. 中国中小企业，2021(8)：122-123.

[74] 张敏，孟玉珂. 浅析林业信息化管理策略[J]. 广东蚕业，2021，55(7)：121-122.

[75] 宋治平. 林业生态修复与环境保护的关系[J]. 南方农业，2021，15(20)：98-99. DOI：10.19415/j.cnki.1673-890x.2021.20.046.

[76] 雒玮. 基于地理信息系统的林业调查技术要点[J]. 南方农业，2021，15(20)：67-68. DOI：10.19415/j.cnki.1673-890x.2021.20.031.

[77] 唐希远. 林业信息化为传统林业发展带来的影响分析[J]. 农村实用技术，2021(7)：119-120.

[78] 李岚. 林权信息化管理现状及发展趋势[J]. 现代园艺，2021，44(13)：179-180. DOI：10.14051/j.cnki.xdyy.2021.13.071.

[79] 王月婵. 信息技术在林业中的应用探讨[J]. 现代园艺，2021，44(13)：89-90. DOI：10.14051/j.cnki.xdyy.2021.13.035.

[80] 李秋娟，刘亚培，毛炎新，等. 创新驱动战略下我国林业产业现代化实现路径[J]. 林草政策研究，2021，1(2)：41-47.

[81] 孙清琳. 森林资源动态监测信息化管理平台建设分析[J]. 农业与技术，2021，41(12)：61-63. DOI：10.19754/j.nyyjs.20210630015.

[82] 谢雪帆，陈宝江. 森林资源管理在林业产业发展中的意义探究[J]. 新农业，2021(12)：

72.
[83] 黄清臻. 信息化和智能化技术在有害生物防控中的应用[J]. 中华卫生杀虫药械, 2021, 27(3): 193-197. DOI: 10.19821/j.1671-2781.2021.03.001.
[84] 冯巧, 樊叶. "无人机航测与GIS技术应用培训班"在海口成功举办[J]. 热带林业, 2021, 49(2): 6.
[85] 赵小娟. 林业资源保护和森林防火管理解决对策分析[J]. 农村实用技术, 2021(6): 126-127.
[86] 马国强. 森林防火信息化建设问题与对策初探[J]. 农业技术与装备, 2021(5): 121-122.
[87] 曾德周. 互联网背景下林业生产经营管理的优化策略[J]. 南方农业, 2021, 15(15): 98-99. DOI: 10.19415/j.cnki.1673-890x.2021.15.045.
[88] 陈坷兰, 谭子幼. 林长制改革的实践探索及路径选择[J]. 乡村科技, 2021, 12(14): 78-80. DOI: 10.19345/j.cnki.1674-7909.2021.14.043.
[89] 辛磊, 陈长燕, 郭静静. 基层林业调查规划设计工作现状与应对策略探讨[J]. 山西农经, 2021(9): 144-145. DOI: 10.16675/j.cnki.cn14-1065/f.2021.09.060.
[90] 李君. 论3S技术在林业调查规划设计中的应用[J]. 河南农业, 2021(14): 40-41. DOI: 10.15904/j.cnki.hnny.2021.14.020.
[91] 何小兵, 季根眉. 林业信息化中物联网技术的应用及前景分析[J]. 南方农业, 2021, 15(14): 68-69. DOI: 10.19415/j.cnki.1673-890x.2021.14.032.
[92] 杨宝吉. 林业调查规划设计在林业生产中的应用[J]. 南方农业, 2021, 15(14): 91-92. DOI: 10.19415/j.cnki.1673-890x.2021.14.043.
[93] 赵卫明. 探究林业调查规划设计在林业生产建设中的作用[J]. 现代园艺, 2021, 44(8): 195-196. DOI: 10.14051/j.cnki.xdyy.2021.08.094.
[94] 刘春. 林业信息化建设现状及技术应用[J]. 广东蚕业, 2021, 55(4): 89-90.
[95] 马小娟, 马松株. 林业资源保护和森林防火管理对策[J]. 农家参谋, 2021(7): 167-168.
[96] 杨艳. 林业事业单位内部控制完善策略[J]. 质量与市场, 2021(7): 167-168.
[97] 周霞. 林业信息化建设与森林资源管理存在问题及有效策略[J]. 种子科技, 2021, 39(5): 127-128. DOI: 10.19904/j.cnki.cn14-1160/s.2021.05.059.
[98] 吕文勇. 林业科研院所无形资产管理中的问题与解决对策[J]. 经济师, 2021(3): 89-90.
[99] 赵友旭. 浅谈林业信息化建设与森林资源管理[J]. 南方农业, 2021, 15(6): 92-93. DOI: 10.19415/j.cnki.1673-890x.2021.06.043.

[100] 姚欣琪. 安徽省C市林长制改革实践探究[D]. 南京：南京师范大学，2021. DOI：10.27245/d.cnki.gnjsu.2021.001549.

[101] 曾毅. 森林资源二类调查系统设计与实现[D]. 桂林：桂林理工大学，2020. DOI：10.27050/d.cnki.gglgc.2020.000352.

[102] 井晖. 基于案例推理和工作流的森抚决策支持系统设计与实现[D]. 北京：北京林业大学，2020. DOI：10.26949/d.cnki.gblyu.2020.000788.

[103] 夏明慧. 林业企业商务智能系统研建[D]. 北京：北京林业大学，2020. DOI：10.26949/d.cnki.gblyu.2020.000775.

[104] 李桐瑶. 大数据环境下企业会计信息化的风险与防控[D]. 长沙：中南林业科技大学，2020. DOI：10.27662/d.cnki.gznlc.2020.000423.

[105] 陆利军. 国家森林公园旅游网络信息流的时空效应与作用机理研究[D]. 长沙：中南林业科技大学，2020. DOI：10.27662/d.cnki.gznlc.2020.000514.

[106] 吕宏达. 信息化在桓仁地区林业产业中发展现状调查[D]. 大连：大连海洋大学，2019. DOI：10.27821/d.cnki.gdlhy.2019.000111.

[107] 董慧香. 基于区间二型模糊数的农村信息化建设绩效评价研究[D]. 长沙：中南林业科技大学，2019.

[108] 李剑舟. 基于DEA的农业信息化绩效评价研究[D]. 长沙：中南林业科技大学，2019.

[109] 吴振江，李俊枝，李顺龙. “互联网+”智慧林业的发展策略[J]. 东北林业大学学报，2019，47(5)：105-107+117

[110] 谭星，冯鹏飞，张旭，等. 物联网技术在我国智慧林业建设中的应用现状及发展策略[J]. 世界林业研究，2019，32(5)：57-62.

[111] 申洋龙. 衡阳市农村“互联网+农业”问题对策研究[D]. 长沙：中南林业科技大学，2018.

[112] LY/T 2172-2013，林业信息化网络系统建设规范[S].

[113] 吴功宜，吴英. 互联网+：概念、技术与应用[M]. 北京：清华大学出版社，2019：186-191

[114] 李世东. 智慧林业标准规范[M]. 北京：中国林业出版社，2018a.

[115] 李世东. 智慧林业顶层设计[M]. 北京：中国林业出版社，2018b.

[116] 李世东. 智慧林业概论[M]. 北京：中国林业出版社，2017.

[117] 李世东. 中国林业大数据发展战略研究报告[M]. 北京：中国林业出版社，2016.

[118] 李世东. 中国林业网——智慧化与国际化之路[M]. 北京：中国林业出版社，2015.

[119] 吴琳，张智光. 我国“互联网+林业”的技术—产业—运作三维发展路径[J]. 世界林

业研究，2018(4)：1-7

[120] 闫星宇，金兆怀，张清正. 中国林业信息化与林业经济发展关系的分析与对策[J]. 经济问题探索，2018(3)：151-158

[121] 赵燕，崔琳，毕广有. “互联网+林业”的应用与展望[J]. 防护林科技，2016(8)：85-86.

[122] 余茂源. 智慧林业的关键技术及应用策略研究[J]. 林业调查规划，2017，12(42)5：121-123.

[123] 吴琳，张智光. 我国“互联网+林业”的技术—产业—运作三维发展路径[J]. 世界林业研究，2018，31(4)：1-7.

[124] 肖南，黄浩. 浅议“互联网+”时代江西林业信息化建设思路[J]. 通讯界，2017(18)：299.

[125] 糜艳丽，刘明红. 物联网技术在林业信息化中的应用前景[J]. 北京农业，2015(15)：18.